矩形断面综掘煤巷复合顶板失稳机制及安全控制技术

Instability Mechanism and Safety Control Technology of
Compound Roof in Fully Mechanized Roadway
with Rectangular Section

赵明洲　著

U0342767

北　京

冶金工业出版社

2023

内 容 提 要

特殊结构复合顶板的稳定性不仅影响煤巷掘进期间的成巷速度,而且对掘进与使用期间的安全至关重要。本书以赵庄矿矩形断面综掘煤巷为工程背景,系统阐述了矩形断面综掘煤巷复合顶板稳定性的渐次演化规律及其关键影响因素,探讨了空顶区和支护区复合顶板的变形特征,揭示了空顶区和支护区复合顶板的失稳机制,提出了矩形断面综掘煤巷复合顶板"梁－拱"承载结构耦合支护技术与分步支护技术。

本书可供从事煤炭开采领域的生产技术人员及相关研究人员学习借鉴,也可供高等院校采矿工程专业师生参考。

图书在版编目(CIP)数据

矩形断面综掘煤巷复合顶板失稳机制及安全控制技术／赵明洲著. —北京:冶金工业出版社,2023.6
ISBN 978-7-5024-9570-1

Ⅰ.①矩… Ⅱ.①赵… Ⅲ.①综合机械化掘进—大断面巷道—复合顶板—安全控制技术 Ⅳ.①TD322

中国国家版本馆 CIP 数据核字(2023)第 134681 号

矩形断面综掘煤巷复合顶板失稳机制及安全控制技术

出版发行	冶金工业出版社	**电 话**	(010)64027926	
地 址	北京市东城区嵩祝院北巷 39 号	**邮 编**	100009	
网 址	www.mip1953.com	**电子信箱**	service@ mip1953.com	

责任编辑 李培禄 卢 蕊 美术编辑 吕欣童 版式设计 郑小利
责任校对 石 静 责任印制 禹 蕊
三河市双峰印刷装订有限公司印刷
2023 年 6 月第 1 版,2023 年 6 月第 1 次印刷
710mm×1000mm 1/16;13 印张;265 千字;199 页
定价 69.00 元

投稿电话 (010)64027932 投稿信箱 tougao@cnmip.com.cn
营销中心电话 (010)64044283
冶金工业出版社天猫旗舰店 yjgycbs.tmall.com
(本书如有印装质量问题,本社营销中心负责退换)

前　言

我国煤炭资源开采的方式始终以井工开采为主，巷道年消耗量非常巨大，据不完全统计，每年煤矿井下新掘各类巷道的总长度约为12000km，且半煤岩巷和煤巷掘进量占巷道掘进总量的80%以上。在煤系地层中，由若干层裂隙和节（层）理发育、分层厚度较小、强度较低的软弱煤岩体相间构成的层状顶板占据相当比例。在煤巷掘进与使用过程中，复合顶板岩层内易形成局部应力集中现象，若掘进参数（掘进循环步距、空顶距离、巷宽等）与支护参数不合理或支护加固不及时，极易出现层间分离、剪切错动、挠曲变形等现象，围岩变形大，使巷道返修率大幅增加，甚至发生无显著征兆的突发性离层冒落，给现场作业人员的人身安全带来严重威胁。因此，深入研究矩形断面综掘煤巷空顶区和支护区复合顶板变形特征与失稳机制，进而为矩形断面复合顶板煤巷掘进参数的合理选择和支护参数的科学设计提供研究基础，对促进矿井安全、高效生产意义非凡。

本书以赵庄矿53122回风巷为工程背景，综合采用现场调研、数值模拟、实验室试验、理论分析和现场工程试验等综合研究方法，对矩形断面复合顶板煤巷围岩地质力学特性、综掘煤巷复合顶板稳定性渐次演化规律及其影响因素、空顶区和支护区复合顶板变形破坏机制、综掘煤巷复合顶板安全控制技术等方面进行系统阐述。

本书共分为8章。第1章首先介绍了开展矩形断面综掘煤巷复合顶板失稳机制及安全控制技术研究的意义，再对复合顶板的特征与分类、煤巷快速掘进技术、煤巷顶板支护设计方法与锚杆支护理论、煤巷掘进工作面围岩稳定性、煤巷复合顶板失稳机理及其控制技术等进行了简要的阐明和论述。第2章对矩形断面综掘煤巷的地应力场分布规律、围岩的矿物成分及其含量、煤岩体的物理力学参数、顶板结构等展开了研究。第3章采用数值模拟软件FLAC^{3D}5.0对矩形断面煤巷综掘施工过程中复合顶板的变形规律及其稳定性影响因素进行模拟，通过对复合顶板力学响应特征进行分析，探究了矩形断面煤巷不同空间区域

（支护区和空顶区）复合顶板的稳定机制，为矩形断面复合顶板煤巷快速综掘施工参数的合理设计提供依据。第 4 章对矩形断面综掘煤巷空顶区复合顶板构建相应的力学模型，理论分析其变形破坏特征及稳定性影响因素，揭示了空顶区复合顶板的变形破坏机制。第 5 章系统阐述了煤巷复合顶板在垂直载荷和水平构造应力复合作用下的破坏形态及范围；构建了矩形断面煤巷支护区顶板的弹性地基梁力学模型，探讨了支护区顶板的挠曲下沉特征及其影响因素，揭示了矩形断面支护区复合顶板的变形破坏机制。第 6 章剖析了围岩控制方面对煤巷综掘速度的影响原因，进而详细阐述了综掘煤巷围岩的控制思路。在系统论述锚杆（索）与护表构件的作用机理及其关键影响因素的基础上，从保证掘进施工安全、缩短掘进循环用时、维护煤巷围岩长期稳定出发，针对性地提出了以预应力锚杆和锚索为支护主体的复合顶板"梁－拱"承载结构耦合支护技术及其分步支护技术。第 7 章通过现场调研及问卷调查，分析得知影响赵庄矿复合顶板煤巷综掘速度的因素，进而分析了复合顶板煤巷快速综掘的实施途径；基于复合顶板"梁－拱"承载结构耦合支护原理及综掘煤巷分步支护技术开展了现场试验，通过效果评价，验证其理论的可行性及工程适用性。第 8 章系统总结了本书所做研究工作的主要结论。

　　本书编写过程中参考了专家、学者的研究成果，在此深表感谢。同时，本书也得到了以下基金项目和平台的大力支持：贵州省普通高等学校青年科技人才成长项目（黔教合 KY 字［2020］161）、毕节市科学技术项目（毕科联合［2023］33 号、毕科联合字 G［2019］24 号）、贵州工程应用技术学院本科教学质量提升工程项目（2018JG107）、贵州省高等学校西南喀斯特地区矿井水害防治创新团队（黔教技［2023］092 号）、毕节地区煤矿水害防治工程研究中心（毕科联合［2023］11 号）、贵州工程应用技术学院矿业工程一流学科。

　　由于作者水平有限，书中不妥之处在所难免，恳请广大读者批评指正。

赵明洲

2023 年 5 月 2 日

目　　录

1 绪 论

煤巷复合顶板在掘进与使用期间的稳定性问题一直以来是煤巷掘进与支护领域的研究热点和难点，系统、深入地研究煤巷复合顶板失稳机制及其控制技术对快速成巷、安全生产具有重要的意义。本章对复合顶板的特征与分类、煤巷快速掘进技术、煤巷顶板支护设计方法与锚杆支护理论、煤巷掘进工作面围岩稳定性、煤巷复合顶板失稳机理及其控制技术等进行了简要的阐明和论述。

1.1 问题的提出

能源在国家经济可持续发展中发挥着基础性和支撑性作用，随着国民经济的快速发展和人民生活质量的不断提升，各大行业对能源的需求将日益旺盛。然而，我国的能源资源禀赋（富煤、贫油、少气）在一种程度上决定了煤炭在一次能源的生产与消费结构中长期占据着主体地位[1-2]。随着《能源生产和消费革命战略（2016—2030）》的全面实施和能源供给侧结构性改革的逐步深化，煤炭的产量波动及其在能源消费结构中的比重下降难以避免（如图1-1所示，2018年煤炭在能源消费结构中的占比已经降至60%以下）。

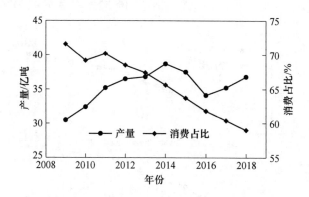

图 1-1　近年来我国原煤年产量及其在能源消费结构中的占比情况

近几年我国煤炭年产量、能源年消费总量及煤炭消费量的占比等统计数据显示，全国原煤年产量由 36.8 亿吨逐年增长至 45.6 亿吨（其中，2018 年为 36.8 亿吨，2019 年为 38.5 亿吨，2020 年为 39 亿吨，2021 年为 41.3 亿吨，2022 年为 45.6 亿吨）；能源年消费总量由 46.4 亿吨标准煤扩大至 54.1 亿吨标准煤（其中，2018 年为 46.4 亿吨标准煤，2019 年为 48.6 亿吨标准煤，2020 年为 49.8 亿吨标准煤，2021 年为 52.4 亿吨标准煤，2022 年为 54.1 亿吨标准煤）；煤炭消费量在能源消费总量中的占比由 59.0% 降低至 56% 左右（其中，2018 年为 59.0%，2019 年为 57.7%，2020 年为 56.8%，2021 年为 56.0%，2022 年为 56.2%）。据此可知，尽管煤炭消费量在能源消费总量中的占比呈现逐年下降的趋势，但是煤炭年产量和能源年消费总量在不断增长，因此，在今后相当长时间内煤炭资源仍将是我国的基础能源和重要原料，且其对促进国民经济高质量发展与保障能源安全的重大作用难以被取代[3-4]。

我国煤炭资源开采的方式始终以井工开采为主[5]，巷道掘进和煤炭回采是当前开采技术体系中的两大核心环节。其中，巷道作为煤炭开采所需的必要通道，其主要承担煤炭开采期间行人、煤炭运输、运料排矸和通风等艰巨任务。从巷道年掘进量上看，随着煤炭产量的稳步提升，巷道年消耗量非常巨大[6-8]，据不完全统计，每年煤矿井下新掘各类巷道的总长度约为 12000km[9]（其中半煤岩巷和煤巷掘进量约占巷道掘进总量的 80%[10]）。随着采掘技术及装备与信息化、自动化和智能化等先进技术的深度融合，采煤技术水平突飞猛进，部分矿井一个采煤工作面的月产量已经突破 1.5Mt，从而促进了"一矿一井一面"高效集约化生产方式的广泛应用。然而，巷道掘进技术的发展速度相对缓慢，加之受地质条件复杂多变、施工队伍素质及组织管理能力参差不齐等因素影响，单一综掘工作面的月进尺通常在数百米到上千米，掘进速度整体不高，特别是综掘机械化水平明显低于综采机械化水平[11-12]（如图 1-2 所示，巷道综掘率仅由 1998 年的 11.90% 提高至 2014 年的 42.76%，而同期综采率则由 49.32% 提高至 92.07%）。

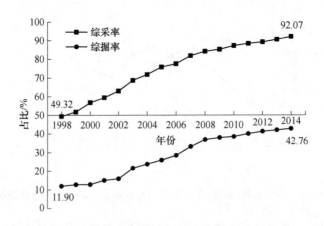

图 1-2　原国有重点煤矿综采率与综掘率统计

诸多煤矿在实际生产过程中，掘进速度严重滞后于回采速度所导致的采掘失衡问题已成为制约矿井持续安全、高效生产的瓶颈。为弥补采掘失调问题，往往需通过增加掘进工作面的数量来实现采掘工作的正常衔接，从而造成采掘比长期维持在 1∶3.1 左右的不利境地，由此诱发施工组织难度增大、安全隐患增多等一系列问题，不仅严重制约了煤炭企业与工业的发展质量，而且增大了职工人身安全与社会和谐稳定的风险[13-15]。据统计，2013～2020 年煤矿顶板灾害事故在煤矿安全事故总次数中的占比、死亡人数在煤矿事故总死亡人数中的占比分别高达 38.3% 和 28.7%[16]。因此，加快巷道掘进速度，尤其是加快煤巷成巷速度并保证巷道围岩稳定是实现煤炭安全、高效开采的重要基石。

煤巷掘进是由破、装、运、支等主要工序构成的复杂施工工艺过程，掘进速度不仅与成套装备的机械化程度及各工序间的协调度有关，而且与围岩自身的水文地质条件、组织管理水平及职工的专业技能素养等众多因素密切相关。因此，实现巷道快速掘进的实质是采用与具体工程地质条件相适应且性能优良可靠的掘进及配套设备，使其形成高匹配度的掘进作业线，并通过科学组织和精细化管理，最大限度地缩短巷道掘进循环作业时间，进而提升巷道的成巷速度。矩形断面因其相对于圆形和拱形断面，具有开挖速度快、效率高、成本低等优势，所以在井下巷道中广泛应用。近年来，随着煤巷支护技术、施工机具、支护材料及掘进成套装备的迅猛发展，煤巷的快速成巷技术也得到了广泛应用与推广[17]。然而，矩形断面煤层巷道的大量开掘在为实现机械化掘进创造有利条件的同时，也给巷道顶板事故的预防与掘进速度的提升带来了新挑战。矩形断面煤巷掘进过程中，掘进速度与支护加固间会产生相互制约，例如通过加大空顶距离或降低支护强度来促进掘进速速提升的同时，可能导致顶板稳定程度降低而带来安全隐患；反过来，若通过减小空顶距离或加大支护强度来增强顶板稳定性，则必然使掘进循环数增多或支护耗时延长而降低成巷速度。因此，全面系统地研究矩形断面煤巷综掘空间内复合顶板的稳定性规律及其关键影响因素，搞清楚煤巷掘进迎头附近顶板岩层的应力分布、变形特征及机理，进而协调好掘、支间的矛盾，对实现煤巷快速成巷具有重大意义。

在受复杂沉积环境变化影响的煤系地层中，煤层顶板岩性具有典型的非单一性，其中我国相当数量的煤巷顶板为自稳能力较差的复合结构顶板。复合顶板通常指的是由若干层裂隙和节（层）理发育、分层厚度较小、强度较低的软弱煤岩体相间构成的层状顶板。复合顶板岩层除岩性、种类、裂隙发育程度、应力状态等方面存在较大差异外，顶板岩层内易形成局部应力集中现象，在煤巷掘进与使用过程中，若掘进参数（掘进循环步距、巷宽、空顶距离等）与支护参数不合理或支护加固不及时，往往会大幅降低巷道围岩自身的稳定性，复合顶板岩层极易出现层间分离、剪切错动、挠曲变形等现象，围岩变形大，使巷道返修率大幅增加，甚至发生无显著征兆的突发性离层冒落，给现场作业人员的人身安全带来严重威胁[18]。据相关统计，煤矿生产过程中复合顶板巷道所发生的事故数占到所有巷道冒顶事故数的 2/3[19]。因此，针对矩形断面煤巷复合顶板稳定性控制难度较大的问题，弄清复合顶板变形失稳机制，进而提出科学合理的煤巷复合顶板控制对策，对促进矿井安全、高效生产意义重大。

晋煤集团赵庄矿的设计生产能力高达 800 万吨/年，每年消耗煤巷巨大，且煤巷顶板主要为由泥岩、砂质泥岩及软弱夹层构成的复合顶板。掘巷期间未统筹考虑掘与支之间的关系，而是一味地追求巷道围岩的控制效果，导致支护工序耗时过长而影响成巷速度，综掘月进尺仅为 259.2m/月左右，造成矿井的采掘关系异常紧张。所以寻求出一种既有助于快速综掘又能满足围岩控制效果要求的支护方式及其施工工艺流程，已成为煤矿广大职工的共同夙愿。因此，本书以晋煤集团赵庄矿 53122 回风巷为工程背景，全面系统研究矩形断面煤巷综掘空间内复合顶板的稳定性演化规律及其关键影响因素，并揭示出掘进迎头空顶区和支护区复合顶板的失稳机制，进而针对性地提出矩形断面综掘煤巷复合顶板控制思路与技术，这对促进矿井安全、煤巷快速成巷具有较高的实用价值，对发展和完善煤巷复合顶板控制理论具有重要的理论意义。

1.2 国内外研究现状

1.2.1 复合顶板基本特征与分类

煤炭是在漫长地质年代中历经复杂的成煤作用而形成的，成煤期主要集中在古生代（石炭纪和二叠纪）、中生代（侏罗纪）和新生代（古近纪），由于此年代形成的煤岩体以层状沉积岩居多，因此含煤地层中属沉积岩层最常见。沉积岩的形成过程决定了煤巷顶板岩层赋存状态的复杂性和多样性，而层状复合结构的顶板在煤矿分布极其广泛[20-22]。

柏建彪等[23]认为复合岩体由多个软弱夹层或多组软硬夹层组成，层理面黏结能力弱，易发生离层和冒落。吴甲春等[24]认为复合顶板主要分为两种，一种是多层松软岩层上方有坚硬岩层存在；另一种是软硬交互岩层。复合顶板具有松散易碎、自稳能力差、层间黏结小、易离层等特点。孟庆彬、田靖夫等[25-26]认为复合顶板具有以下特点：岩层抗压强度小、自稳能力差、结构松散破碎；各岩层间的物理力学性能相差较大；岩层赋存结构和状态变化较大；岩层间黏结能力弱，属于天然弱面，易发生离层。徐燕飞、崔树彬等[27-28]将多层厚度小、强度较低的煤岩互层岩层称之为复合岩层，复合岩层具有层理、裂隙发育、层间黏结能力弱、容易发生离层等特点。罗霄[29]认为复合顶板由多个软硬岩层交错组成，软硬岩层间层理面黏结力小且岩层力学性质差异较大，受开采扰动等影响，易发生离层冒顶等事故。综上所述，复合顶板通常指的是由若干层裂隙和节（层）理发育、分层厚度较小、强度较低的软弱煤岩体相间构成的层状顶板，其具有以下显著特征：（1）顶板岩层中含若干层软弱夹层（松软岩层或煤线），其与相邻岩层的物理力学性质差异较大；（2）各分层间的摩擦力和黏结力均较低，分层间极易出现离层现象；（3）受节理、裂隙等弱面影响的各分层岩层松散易碎，整体性差，构成的复合体抗压强度和抗剪强度低，承载过程中难以发挥承载作用，易冒落。

对于复合顶板来讲，即使在同等工程地质条件下，因软弱层状岩层的累计厚度不同，其所适用的控制机理也有所不同，为此对复合顶板进行分类是必要的。依据复合顶板中软弱层状岩层的累计厚度及其支护难易程度，将复合顶板划分为三类：特厚复合顶板、中厚复合顶板和薄层复合顶板[30]，如表 1-1 所示。

表 1-1 复合顶板的分类

类 型	软弱层状岩层累计厚度 H/m	上部是否为稳定岩层	顶 板 稳 定 控 制 方 法
特厚复合顶板	≥ 8	否	巷道支护结构与锚索的作用机理无法用传统的支护理论予以诠释，支护方案及参数难以确定
中厚复合顶板	$2 \leq H < 8$	是	锚杆和锚索相结合的联合支护方式
薄层复合顶板	$0 \leq H < 2$	是	锚杆支护

1.2.2 煤巷快速掘进技术

当前煤炭地下开采体系下，煤巷的快速高效掘进是矿井顺利实现高产高效生产的关键所在。

1.2.2.1 煤巷快速掘进技术

随着煤巷围岩控制理论及技术的持续快速发展，掘进装备水平的不断更新升级，综掘法已成为煤巷的主要掘进方法，并逐步形成了 3 种煤巷快速掘进作业线，其核心设备分别为悬臂式掘进机、掘锚联合机组和连续采煤机。

A 悬臂式掘进机辅以后配套设备掘进[31-36]

由集掘、装、运、除尘、行走等多功能于一体的悬臂式掘进机辅以后配套设备形成的综合机械化掘进作业线，其是一种快速且使用率高的掘进方式。在生产过程中，截割部的截割头将煤岩体从掌子面截割下来，破碎的煤岩体通过铲板部装至机体中部的输送机，再由输送机尾部卸载至转载机、破碎机、带式输送机等后配套设备外运。悬臂式掘进机悬臂机动灵活的摆动，能方便截割出满足煤矿所设计的各种断面轮廓，光滑平整的切割面为支护创造了良好条件。上下移动的铲板能极大地提高物料的装载效率。行走机构能使掘进机在巷道空间内行走自如，拓宽了掘进机在复杂地质条件下巷道掘进的使用范围。具有良好除尘功能的水系统使巷道内作业环境明显改善，对井下安全生产和工程技术人员的身心健康起到积极作用。国内煤矿广泛使用的悬臂式掘进机技术特征如表 1-2 所示。

表1-2　国内煤巷悬臂式掘进机技术特征

参　数	EBZ-318H	EBJ-160	EBJ-132	EBJ-120TP	EBJ-110SH	S-100	AM50
截割功率/kW	318	160	132	120	110	100	100
总功率/kW	573	280	242	191	194.5	145	174
机重/t	113.5	48	39	35	32	27	26.8
适用坡度/(°)	18	16	16	16	16	16	16.2
截割宽度/m	7	6	6	5	5	5.1	5
截割高度/m	5.59	4.3	4.3	3.85	3.8	4.5	3.8
可截割强度/MPa	≤130	≤80	60~70	≤60	≤60	≤70	≤60
接地比压/MPa	0.177	0.14	0.14	0.13	0.13	0.127	0.13
挖底深度/mm	285	246	250	220	200	120~280	100~250
地隙/mm	291	200	200	180	—	160	150

B　掘锚机组掘进[37-43]

掘锚机是悬臂式掘进机和连续采煤机快速发展的产物，是将截割、装运、支护、行走等工作结构集成于一体的单巷快速掘进装备。与悬臂式掘进机和连续采煤机掘进相比，由掘锚机、行走给料破碎转载机、桥式胶带转载机和可伸缩带式输送机构成的掘进作业线成功实现了掘进和支护的平行作业（交替作业），不仅缩短了掘进循环作业时间，提高了成巷速度，而且对提高掘进迎头作业的安全性、优化劳动组织形式及选择巷道布置方式等方面具有绝对优势。因此，掘锚机自20世纪90年代问世以来便备受各产煤国青睐，在澳大利亚、英国等国得到广泛应用并取得了绝佳效果。掘锚机曾在大断面煤巷施工中创下年进尺15~20km的成绩。澳大利亚4/5以上的长壁工作面巷道采用掘锚机掘进。跨入21世纪以来，我国煤矿巷道掘进技术进入新的发展阶段。神华集团、晋城煤业集团、兖矿集团、淮南矿业集团等国内大型煤炭企业引进了ABM20型、MB670型、12CM15-15DDVG型等先进掘锚机，并在不同工程地质条件下取得了良好的技术经济效益。为了满足煤矿快速成巷装备的国产化需求，三一重装、石煤机公司及铁建重工集团等煤机装备制造企业现已研制出了EBZ160-JM11型、ECMMB2-362/25型及ZJM4200型等掘锚机，其中，ZJM4200型掘锚机最高进尺达3600m/月。

C　连续采煤机组配合锚杆钻车掘进[44-49]

连续采煤机是一种近年来发展起来的高效采掘设备，其集截割、装运、行走及喷雾降尘等多功能于一体，在国外普遍应用于短壁开采及矩形大断面的双巷或多巷掘进，已成为高产高效矿井的重要设备。根据运输方式的不同，一般将连续采煤机掘进工作面的设备配置分为连续运输和间断式运输两种方式。采用连续运输方式的掘进工作面通常配置连续采煤机、连续运输系统、锚杆钻车、带式输送机及铲车等设备，而采用间断式运输方式的掘进工作面往往配置连续采煤机、梭车或运煤车、锚杆钻车、铲车、给料破碎机及带式输送机等设备。连续采煤机在多巷掘进时，通过连续采煤机与锚杆钻车在多巷间交叉换位实现掘支平行作业，掘进速度大幅提升。

1949 年，美国利诺斯（LEE-NORSE）公司率先研制出世界首台连续采煤机，其型号为 3JCM。从连续采煤机在国外的使用情况来看，其不仅成为美国、澳大利亚、南非、英国等采煤大国的主要采煤设备，而且长期、广泛应用于多巷的快速掘进。目前，国内条件适宜的矿井优先选用连续采煤机进行煤巷掘进，且广泛使用的连续采煤机除了久益公司研制的 12CM18-10D、12CM15-10D、12CM27-10B、12CM15-10B、14CM09-11E 等型号外，国产连续采煤机也占了一定份额。由于连续采煤机对煤层赋存条件要求苛刻，且不适合单巷掘进，导致其推广应用受到一定程度的限制。

1.2.2.2　煤巷快速掘进技术应用效果

为提高成巷速度，专家学者们主要从掘进影响因素、设备配套、组织管理、断面选择、支护参数及施工工艺优化等方面入手展开了深入研究。

王玉宝等[50]通过问卷调查对影响西山矿区煤巷掘进速度的因素进行了因子分析，提炼出工程地质条件预报水平因子、班组管理因子、设备管理因子、支护参数优化设计因子、工程岩层条件因子、人员素质因子、绩效管理因子共 7 个公共因子，并为提高西山矿区煤巷掘进速度提出了具体建议。柏建彪等[51]以张双楼矿某回采巷道的生产地质条件为对象，建立了空顶区顶板稳定性分析的力学模型，应用差分法求解获得空顶距大小与直接顶板内应力分布规律的关系，根据顶板破断准则确定出 6m 的大循环进尺，同时利用 2m 小循环进行支护；劳动组织方式由"三八制"改为"四六制"，巷道月进尺超过 400m，取得了良好的应用效果。杨仁树等[52]针对 1204 巷道地质条件，在对巷道断面尺寸优化的基础上，支护设备选用液压钻车（CMM2-15），并优化了掘进工艺流程及劳动组织，最终实现了大断面半煤岩巷安全、快速掘进的同时，工人的劳动强度明显降低，作业环境得以明显改善。杜启军等[53]以林南仓煤矿 2220 工作面煤巷为工程背景，对具有伪顶、高应力及大断面等复杂工程地质条件下巷道的掘进技术展开研究，分析了掘进速度影响因素包括地质条件、支护参数、支护和掘进设备和施工工艺；模拟了不同支护方式和不同循环进尺时巷道掘进头的应力分布特征；通过相应的技术措施，月进尺达到 460m，采掘紧张的关系得到明显改善。张征[54]以石嘴山二矿 +600 南轨道和 2475 回顺的掘进工艺为对象，应用 PDCA 全面质量管理方法，系统研究了巷道掘进速度的影响因素（内部因素和外部因素）及其影响程度。周志利[55]以王庄煤矿6207运输巷为工程背景，采用掘锚一体化代替普通掘进机掘进工艺以提高煤巷掘进速度，通过理论计算、数值模拟和现场试验等方法，探讨了大断面煤巷宽度的确定方法、掘进工作面围岩的应力分布和变形破坏特征及影响因素；基于滞后支护时间、临时支护阻力及锚杆预紧力大小对巷道围岩稳定性的影响规律分析，提出了掘锚一体化巷道围岩的控制技术；通过对支护方案、劳动组织和施工工艺优化，日进尺由12m提高至20m以上，掘进工效大幅提升，取得了显著的技术经济效益。马长乐等[56]分析了影响余吾煤业S1202面胶带顺槽掘进单进水平低的主要因素，进而采取ZLJ-10/21机载临时支护替换前探梁支护、工作人员操作培训、支护参数及施工工艺优化等措施，缩短了生产周期，掘进速度得以提高。胡学军[57]通过对王庄煤矿的主打掘进设备EBJ-120掘进机改造设计、掘进施工方案和掘进工序方案优选，克服了巷道快速掘进期间设备事故率高及机掘速度慢等难题，取得了显著的技术、经济和社会效益。赵峰[58]从地质条件、支护参数、掘进设备、施工工艺及管理等方面分析了影响王家山煤矿大倾角综放面平巷综掘的因素；采用理论分析和数值模拟方法，确定了合理的巷道断面形状和支护参数，并对施工工艺及劳动组织进行优化，综掘速度提升了93%。张天池[59]通过对葫芦素煤矿掘锚一体化煤巷各掘进施工工序用时进行统计分析，指出巷道片帮导致中部锚杆施工时间长是影响掘进速度的关键因素；研究了顶板锚杆的杆体强度、滞后支护时间及预紧力对巷帮稳定性的影响，进而提出巷帮片帮控制对策；在工业性试验中巷帮变形得到明显控制的同时，掘进速度提升了30%。费旭敏[60]为提高刘庄矿1305带式输送机巷大断面、高应力及复合结构顶板条件下巷道的掘进速度，通过采取导洞法施工，优化断面形状、支护参数和施工工艺，合理选择支护和掘进设备等综合措施，月进尺达到622m，顺利实现巷道的快速掘进。王中亮[61]以常村煤矿S6-8轨道顺槽为工程背景，对高瓦斯掘锚一体化快速成巷技术进行研究，分析指出巷道稳定性影响因素主要包括底板倾斜、巷帮片帮、顶煤冒顶和掘进设备配套不合理；制定了瓦斯治理方案，优化了通风方式、支护参数和支护操作工序，改造了掘锚机设备；工程实践中最大日进尺和最大月进尺分别达到24m/d和606m/月，扭转了采掘接续紧张局面。魏敬喜[62]为解决刘庄煤矿大断面复合顶板煤巷掘进工效低的难题，数值分析了巷道不同破顶高度及不同支护方案下围岩的稳定性，最终确定出最佳的拱形断面及支护方法；通过建立管理保障机制、优化施工流程和实施分步分级支护，应用效果明显。周连清[8]为提高利民煤矿煤巷的掘进效率，模拟分析了锚杆直径、锚杆长度及支护密度等支护参数对围岩稳定性的影响，通过对比分析，制定出相应的支护方案；在工程实践中，应用巷帮锚杆滞后顶板和顶角10~25m进行安装的弱化支护技术，并通过更新掘进装备、优化掘进施工工艺等途径，实现了快速掘进目标。

1.2.3 煤巷顶板支护设计方法与锚杆支护理论

保证煤巷围岩采掘期间的稳定对矿井安全生产及巷道正常使用意义非凡,因此,巷道围岩控制始终是矿业工程领域的研究热点和攻关难点。巷道支护作为围岩稳定控制的重要途径之一,近年来其技术得到飞速发展,尤其是锚杆的问世被视为巷道支护的一次技术变革[63-64]。与此同时,国内外学者提出了众多适应于不同工程地质条件的锚杆支护理论[65-83],为扩大锚杆支护的使用范围及提高支护效果发挥了重要作用。

1.2.3.1 煤巷顶板支护设计方法[84]

(1) 工程类比法:该方法是指通过收集分析相似工程地质条件下巷道顶板的工程地质情况、顶板岩性情况、施工环境情况等信息,对拟支护巷道顶板的支护方法进行类比分析。

(2) 理论计算法:该方法指出,巷道顶板岩层结构及其顶板类别可以根据巷道工程地质环境和顶板相关资料进行确定,进而提出适用于该顶板的分析方法和力学模型。顶板支护类型及其参数选用是否合理可以通过分析顶板的下沉位移量、支护结构的力学参数及其所受最大荷载等进行分析验算。

(3) 现场施工监测反馈法:工程实际中,巷道层状顶板在变形与破坏过程中表现出显著的非线性特征,巷道开挖方案及围岩支护参数在很大程度上决定了顶板的稳定状态,需要基于动态设计原理对施工过程中的巷道顶板支护参数不断地进行优化设计。通过监测分析顶板物理力学参数、各岩层的挠曲位移、支护结构上所受荷载大小及顶板深部围岩的位移量等重要信息,及时优化巷道施工过程中的顶板支护方案及其参数。

(4) 计算机数值模拟设计法:迄今,一系列基于各种工程数值计算方法的数值计算软件相继问世,这些工程数值计算软件可以适用于大量的工程对象。巷道顶板作为一个特殊的工程对象,顶板岩层的物理力学特性及其变形特征是合理选用数值计算软件的基本依据,进而构建顶板的数值分析模型,对不同工况下的顶板支护方案及参数通过模拟运算,最后提出最佳的顶板加固方案及参数设计。

(5) 非线性大变形力学设计法:该方法认为深埋巷道顶板易发生大变形且具有非线性的特征,基于现有支护理论的一些支护结构很难与顶板岩层在强度、刚度及结构上实现完全耦合,进而导致巷道顶板变形破坏。因此,需要深入研究巷道顶板在深埋条件下的变形机制,从而最大程度地确保顶板与支护结构的耦合作用,实现顶板与支护结构的协调变形。

1.2.3.2 锚杆支护技术的发展历程

1872年英国北威尔士的矿场首次利用钢筋来加固岩层,1911年美国Friedens煤矿开始使用锚杆来支护巷道顶板,1918年波兰的Mir矿和美国的西利西安矿开始采用锚索进行巷道支护。20世纪50年代至80年代锚固技术开始迅速发展，英国、德国、波兰、美国等陆续开始研究和应用锚固支护技术，其应用范围越来越广泛。60年代西德WaldeskⅡ地下水电站大型硐室开始采用高预应力锚杆和锚索相结合的支护方法，70年代英国普莱姆斯船坞改造中的地锚大量使用抗浮锚杆进行锚固，纽约世贸中心深基坑开挖工程也广泛采用锚固技术。随后，美国、英国、法国、澳大利亚等国家先后颁布了岩土锚固技术规范，使锚杆使用更加规范化。80年代，澳大利亚在地下巷道围岩支护控制方面形成了成套的高强锚固系统。岩土锚固技术在隧道交通、边坡防护、深基坑加固、地下空间等工程领域取得了长足的发展。锚杆支护之所以能在短时间内发展成为巷道支护的首选方式，关键在于锚杆支护与木支护、金属支架支护、砌碹支护等传统支护方式相比，有着支护效果好、施工速度快、支护成本及工人劳动强度低等先天优势，目前在全球各大产煤国得到广泛应用[85-92]。

我国自1956年引进锚杆以来，锚杆支护技术先后经历了低强度支护、高强度支护、高预应力支护及强力支护4个发展阶段。在此期间，为解决日益增多且复杂多变的巷道围岩支护难题，科技工作者相继研制了多种具有良好适应能力的锚杆，其中，恒阻大变形锚杆（索）、高伸长率锚索和接长锚杆等都是对大变形巷道围岩具有良好控制效果的锚杆。同时，以锚杆为主体衍生出了不同类型的联合支护方式，如锚网索支护、锚杆桁架支护、锚喷支护等。另外，锚杆支护成套装备及其技术日益成熟。时至今日，锚杆支护的围岩类型已从Ⅰ、Ⅱ、Ⅲ类逐步扩展到了Ⅳ和Ⅴ类。锚杆支护技术的快速发展持续为矿井安全高效生产保驾护航[93]。

1.2.3.3 煤巷锚杆支护理论

随着巷道支护技术的快速发展与实践应用，巷道支护理论也在不断完善与创新，国内外学者针对煤巷锚杆支护理论进行了大量的研究工作，先后提出了众多巷道支护与围岩稳定性控制理论，大力提高了煤巷锚杆支护的应用范围。目前影响力较大的巷道支护理论主要包括：新奥法理论、悬吊理论、组合梁理论、组合拱理论、松动圈支护理论、最大水平应力理论及巷道围岩强化理论等。

（1）新奥法支护理论[94-95]。奥地利L. V. Labcewicz教授在1964年提出了"新奥地利隧道施工法"（New Austrian Tunnelling Method，NATM）。新奥法的核心为隧道开挖后二次应力作用和结构面的存在是围岩失稳的主要因素，围岩压力由岩体与支护结构共同承载，采用早期支护与柔性支护，充分发挥岩体自身承载能力，及时进行现场监测反馈，进行补充修改支护设计，实现隧道的长期稳定。20世纪70年代我国在煤炭、铁路、水电等工程领域广泛应用新奥法理论。

（2）悬吊理论[96]。悬吊理论认为当巷道顶板施以锚杆支护时，在预紧力作用下，锚固于上位稳固岩层中的锚杆将下位无自承能力的软弱岩层悬吊起来，以增强被悬吊岩层的稳定性，如图1-3所示。当软弱顶板厚度大导致锚固段无法锚入稳固岩层一定深度时，悬吊理论难以有效应用。

（3）组合梁理论[97]。组合梁理论认为若干层厚度较小的岩层被锚杆锚固后，其结构由叠合梁结构转化为组合梁结构（如图1-4所示），各分层间摩擦力增大的同时锚固岩层的抗剪能力大幅提升，从而可以有效阻止锚固范围内岩层发生滑移、离层等有害变形。若岩层破碎，顶板岩层不连续，则组合梁作用不明显。

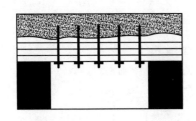 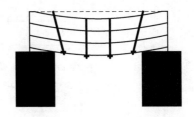

图1-3　悬吊作用原理　　　　　图1-4　组合梁作用原理

（4）组合拱理论[98]。组合拱理论认为当采用预应力锚杆对拱形断面巷道支护时，适当的支护密度促使单根锚杆产生的锥形体压缩区相互叠加，进而在锚固区一定深度范围内形成均匀压缩带——组合拱，使锚固区的围岩强度及对其上方荷载的支承能力明显提高，如图1-5所示。由于缺乏对围岩自身力学行为及围岩与支护间作用关系的深入探究，因此在工程实践中，该理论对设计和施工的参考价值比其作为支护参数的设计依据更具意义。

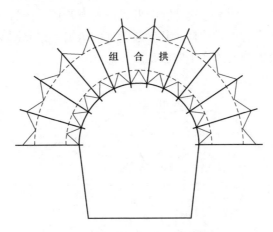

图1-5　组合拱作用原理

（5）最大水平应力理论[99]。澳大利亚学者 W. J. Gale 研究得出巷道顶底板的稳定程度受水平应力影响较大（如图1-6所示），巷道轴向与最大水平主应力方向夹角不同，顶底板稳定性存在较大差别，巷道轴向与最大水平应力方向平行时对顶底板稳定性最有利。巷道顶底板岩层因受最大水平主应力的作用而易发生剪切破坏，随之产生错动与松动而引起岩层膨胀变形，约束岩层的横向剪切错动与竖向膨胀是锚杆支护的双重作用，因此，锚杆的抗剪能力、强度及刚度等性能对支护效果至关重要。

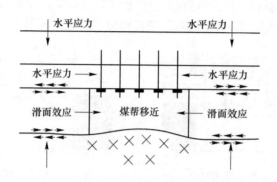

图 1-6　最大水平应力原理

（6）松动圈理论[100-101]。松动圈理论认为巷道开掘以后围岩应力将重新分布，巷道周边径向应力为零，围岩强度显著下降，围岩中出现应力集中现象。倘若集中应力小于岩体极限强度，围岩将处于弹性状态；若围岩中的应力超过围岩极限强度，巷道周边将率先破坏，并逐渐向深部扩展，直至在某一深度达到应力平衡。此时，巷道周边围岩出现破坏区域，围岩中产生的这种松弛破碎带被称为围岩松动圈，如图 1-7 所示。松动圈的形成是巷道开挖后围岩的固有属性，松动圈厚度可作为巷道支护方式选择及其参数设计的依据，据此制定的支护方案能更有效地控制松动范围内岩体产生剪胀变形。

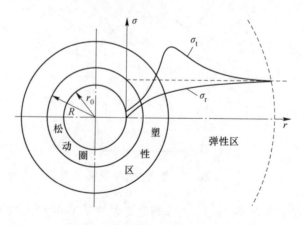

图 1-7　理论分析时松动圈示意图

（7）围岩强度强化理论[102-104]。围岩强度强化理论是由侯朝炯教授提出的，该理论认为巷道周边由锚固岩体形成的承载结构不仅力学性能显著提高，而且承载能力大幅提升，为增强围岩的稳定性发挥着重要作用。

（8）轴变论[105-107]。于学馥等人提出的轴变论认为：掘巷后原岩应力受到扰动，围岩应力发生二次分布，若围岩应力大于其承载能力，围岩即会发生垮落；围岩发生垮落后，应力再次发生重新分布，重新达到新的平衡状态后则会保持稳定。巷道处于应力平衡状态的轴比最有利于巷道围岩的稳定。

（9）联合支护理论[108-111]。冯豫、郑雨天等针对松散破碎围岩提出了联合支护理论，掘巷后采用柔性支护，使得巷道围岩可以产生一定的变形，释放部分围岩应力；巷道围岩变形至一定量后施加刚性支护。"先柔后刚、先让后抗、柔让适度、稳定支护"为其支护核心。

（10）预应力支护理论[112-116]。康红普院士提出的预应力支护理论认为：由高强度、大伸长率及强冲击韧性的预应力锚杆和预应力扩散性能良好的护表构件构成的预应力锚杆支护系统，能使巷道围岩形成预应力承载结构而稳定围岩。

（11）主次承载圈支护理论[117-118]。方祖烈提出的巷道围岩主次承载区支护理论认为：巷道开挖后不同深度围岩呈现压缩域和张拉域两种不同状态。压缩域围岩相对完整承载能力高，是要充分利用的对象，为主承载区；第一张拉域围岩破坏严重是重点加固的对象，加固后虽具一定承载能力，但相对有限，为次要承载区；通过合理的支护方式和支护参数使主次承载区协调作用，共同保证巷道围岩的稳定。

除此之外，何满潮院士针对软岩大变形巷道提出的关键部位耦合支护理论[119-122]认为：由于支护体与围岩在强度和刚度上的不耦合造成巷道围岩关键部位首先破坏，进而引发整体变形失稳。为了保证巷道围岩的稳定，首先要确定关键部位出现时间和所需支护荷载，进行关键部位耦合支护。减跨理论[123]认为：锚固稳定的若干根锚杆相当于为一定跨度的岩梁增添了若干个铰支点，跨度的减小而降低顶板挠度。王明恕教授提出的全长锚固中性点理论[124-125]认为：沿锚杆长度方向存在剪应力为零而轴向拉力为最大的中性点，并给出了由巷道半径和锚杆长度来确定中性点位置的计算公式。陈庆敏提出的"刚性"梁理论[126-127]认为：巷道顶板的稳定程度与顶板岩梁所具备的抗变形能力息息相关，锚固范围内的岩梁在锚杆高预应力作用下可转化为较强抗变形能力的"刚性"梁，从而增强顶板的稳定程度。单仁亮等在分析煤巷帮部破坏特征的基础上提出的强帮支护理论[128-130]认为：提高煤巷帮部的支护强度与刚度，可显著改善巷道围岩应力状态，提高巷道围岩的整体稳定性。

1.2.4　煤巷掘进工作面围岩稳定性

煤巷掘进工作面围岩不仅受到相对稳定的原岩应力场影响，而且受随时间和空间不断变化的支护应力场和采动应力场影响，巷道空顶区易发生冒顶和片帮。因此，为了保证巷道围岩稳定及施工安全，相关学者从掘进工作面围岩的应力分布、变形破坏特征、空顶距离的确定等方面入手，研究取得了一批代表性的成果。

康红普等[131]模拟计算了矩形断面煤巷掘进工作面围岩的应力分布、变形及破坏特征与变化规律，最大水平主应力方向与巷道轴线的夹角对围岩应力的影响；分析了空顶范围附近顶板锚杆的支护应力场分布特征及其对掘进工作面顶板的控制作用；探讨了支护加固与围岩的相互作用，并提出锚杆支护与加固的时空设计基本原则。孙晓明等[132]以南屯煤矿某顺槽为工程背景，通过对巷道分步开挖并紧跟开挖单元的掘进迎头施以锚网支护，模拟分析了掘进工作面巷道周边的应力分布特征及围岩变形量随距迎头距离的变化关系。马睿[133]通过数值模拟和理论分析方法系统研究了空顶区顶板岩梁结构的破坏规律及其稳定性影响因素，揭示了煤巷快速掘进期间空顶区顶板的稳定性机理。肖红飞等[134]应用有限差分软件 FLAC[3D]模拟研究了掘进期间巷道两帮及迎头内部应力场，揭示了应力集中区的动态变化规律。惠兴田等[135]提出了基于锚索技术的实时空顶试验方法来确定巷道空顶距，并在察哈素煤矿 3101 胶带运输巷（连采施工工艺）选取 3 个试验段进行现场试验，通过分析巷道的内部破坏和表面变形情况，在保证围岩稳定的前提下确定空顶距为 11m 较为合适。马秉红、张耀和陈爱喜等[136-138]为保证巷道掘进期间空顶区围岩的稳定性，通过建立四边固支矩形薄板力学模型，推导了顶板内应力分量表达式，并以悬露顶板不至于发生拉破断确定出空顶距，生产实践中效果明显。唐卫涛[139]通过观测掘进工作面处于自由状态顶板的下沉量和内部变形量，分析确定出破碎顶板巷道的合理空顶距，并用数值模拟进行了验证，研究结果在建新矿得到成功应用。李国彪[140]将掘进工作面空顶区直接顶视为一边简支、三边固支的矩形薄板，通过弹性薄板理论求解，得到掘进工作面空顶距的计算公式。吴朋起[141]将空顶区顶板视为四边固支的矩形薄板，运用弹性力学知识推导了顶板挠度与应力的求解公式，并依据顶板的拉破坏准则确定出掘巷时极限空顶距的理论公式。此外，模拟分析了空顶距大小对支护区及迎头前方围岩应力、塑性区及位移分布特征的影响。

1.2.5　煤巷复合顶板失稳机理及其控制技术

具有特殊结构特征的复合顶板在受地应力、采掘活动、支护方式等因素影响下，向巷道内产生显著的挠曲变形，当相邻岩层挠度值有差异时，则会在其接触面上出现离层现象；当复合顶板层间剪应力达到或超过其抗剪强度时，各岩层即出现剪切滑移。另外，含软弱夹层的薄层状岩层抗拉强度较低，易出现拉裂、大范围失稳冒落，严重威胁煤矿的安全生产[142]。因此，为了能"对症下药"而保证煤巷复合顶板的稳定，国内外专家学者对复合顶板变形破坏机理及其支护技术开展了卓有成效的研究。

1.2.5.1 煤巷复合顶板变形失稳机理

长期以来，诸多学者在层状结构岩体的强度准则、本构关系及相似模拟等方面获得了一系列的研究成果。1960 年，Jeager[143] 提出了单一节理结构面引起的岩体各向异性特性。由于岩层与最大主应力作用方向的夹角不同，岩石强度受单一结构面影响的曲线形状为肩型。Hoek[144] 对 H-B 模型中的经验参数进行了修正，并系统研究了含有一组结构面、各向异性且呈水平层状分布时的岩体强度。1983 年，J. Bray[145] 提出了用于预测岩体潜在破坏面位置的抗剪强度理论公式。宋建波[146] 对 H-B 模型的计算方法和经验参数开展了三轴改进试验。

陆庭侃等[147-148] 通过现场观测系统研究了采区巷道复合顶板的离层特征及机理，认为采掘扰动应力、自重应力、构造应力、地下水、软弱岩层及岩层界面等是导致顶板离层的主要因素。侯朝炯等[103] 通过对顶板破坏特征及现场应用综合分析，指出引起矩形煤巷复合顶板失稳的主要原因在于锚固岩层发生挤压破坏或剪切破坏，由此建立顶板稳定状态分析模型并提出相应的判别准则。林崇德等[149-151] 通过对矩形煤巷层状顶板变形破坏过程的离散元数值模拟，认为水平压应力才是导致层状顶板发生离层及弯曲破坏的主导因素。贾蓬[152] 应用数值分析软件（RFPA^{2D}）开展了顶板岩梁厚跨比及侧压系数对层状顶板稳定状态的敏感性研究，结果表明厚跨比与侧压系数的增大均对顶板稳定性起积极作用。陈炎光等[153] 将引起巷道冒顶事故的因素分为四类：第一类是地质因素，主要包括岩体组合特征、结构面力学性质和岩体赋存环境等；第二类是工程质量因素，主要包括掘进施工不良和支护结构安设不合格；第三类是采掘工程因素，主要是受到附近工作面的采动影响；第四类则是对顶板安全制度的执行力度不够。吴德义等[154-157] 通过数值模拟揭示了结构面承受的法向拉应力和剪应力是导致复合顶板离层的主要原因。勾攀峰等[158] 采用相似模拟试验研究了不同水平应力对矩形巷道稳定性的影响，得出水平应力增加到一定程度后锚杆支护巷道顶板呈层状整体垮落；巷道顶板与两帮相比更易受到水平应力影响。柏建彪等[23] 提出复合顶板和两帮的相互作用机制。研究提高两帮支护强度对复合顶板的影响规律，并指出应将两帮煤体和复合顶板看作一个整体支护。姚强岭等[159-160] 认为含亲水性矿物成分较高的岩层遇水后膨胀应力的产生及锚杆承载基础被弱化是导致富水煤层巷道顶板失稳的机理。

薛亚东等[161-163] 认为顶板岩层的岩性及其层次结构是影响煤巷复合顶板变形破坏特征的关键因素。蒋力帅等[164] 研究了不同岩性组合时复合顶板的变形破坏特征，顶板离层受岩性与结构面的影响较为显著，并指出锚索伸长率与顶板变形不协调是造成复合顶板失稳的重要因素。贾后省[165-167] 在对层状顶板蝶叶塑性区穿透特性研究的基础上，分析得出蝶叶影响区内的软弱夹层产生剧烈形变压力是导致顶板断裂或失稳的主要原因。杨峰等[168]认为复合顶板变形破坏的主要原因是锚杆的主动支护作用较差，加之复合顶板各岩层的节理裂隙发育，使复合顶板的初期离层量和变形量较大，顶板的稳定性持续恶化，最终导致复合顶板的大变形以至破坏。王林[169]采用理论分析方法，从垂直应力和水平应力两个方面分析巷道厚层复合顶板受力变形特点，分析了高水平应力对厚层复合顶板岩层弯曲变形及其层间离层的影响。牛少卿等[170]根据岩体结构面的剪胀原理和梁的变形理论，研究了薄层状顶板结构变形失稳的发展过程，得出顶板失稳是由于上覆岩层层间错动造成的，并建立了顶板失稳的判别准则，提出了相应的计算锚杆锚固长度的公式。马振乾[171]借助 FLAC^{3D} 软件、正交试验方法和方差分析，研究了各因素对厚层软弱顶板稳定的敏感性，结果显示敏感性的大小依次为直接顶强度、巷道宽度、顶板支护强度、直接顶厚度、帮部支护强度、煤层强度。

A. I. Sofianos 等[172]借助 UDEC 软件模拟研究了岩层厚度对层状顶板稳定状态的敏感性，随着岩层厚度减小，其承载能力降低，进而产生的弯曲下沉量增大。张顶立等[173]将由夹层及其围岩组合而成的顶板看成一个整体力学系统，进而建立了系统力学模型。通过系统稳定性分析可知，夹层与围岩二者间强度和刚度的差异性是影响组合系统稳定性的主要因素，差异越大系统越不稳定且系统中力学特性弱的岩层首先破坏。马念杰等[174]基于复合岩梁理论，探讨了软弱夹层所处位置对顶板稳定性的影响规律，结果表明软弱夹层离巷道表面越近，顶板岩层所受拉应力越大。种照辉等[175]通过现场调研、室内实验和理论分析，提出了 6 个影响煤岩互层顶板巷道失稳因素，并各取 3 个水平进行正交试验，对各因素的敏感性排序，研究认为水的软化作用是造成巷道变形的最敏感因素，煤岩互层次数、煤岩互层单层厚度对变形有重要影响，巷道宽度是影响两帮移近量的重要因素。谷拴成等[176]将煤巷复合顶板简化为岩梁模型，推导了各分层岩层所受的应力计算公式，进而分析得到顶板的稳定性主要受载荷、弹性模量、层厚及巷道跨度等影响，且软弱夹层率先破坏；同时，探讨并验证了复合顶板的变形破坏过程为：结构承载调整→结构刚度弱化→结构失稳（或稳定）。

杨建辉等[177-180]基于弹性薄板理论建立了层状顶板两端固支和两边简支的两种模型，推导了顶板发生破坏的临界应力计算公式；同时指出，水平应力作用下顶板将发生压曲破坏还是剪切破坏可根据厚跨比与临界应力的大小关系来判定，巷道的工程尺寸及岩层结构是影响顶板稳定性的关键因素。郝英奇等[181]分析了复合顶板煤巷层间离层和塑性变形随时间的变化特点，并用来判断复合顶板离层稳定性：反映塑性变形随时间衰减快慢系数一般大于 0.04，大小为 10cm 量级，25d 后变形达到稳定；反映层间离层速度随时间变化快慢系数一般为 0.01 左右，大小为 cm 量级。刘少伟等[182-183]建立了煤巷含软弱夹层顶板的复合梁模型并分析出软弱夹层厚度大小与顶板岩层所受最大拉应力间呈双曲线规律变化，此外，以软弱夹层厚度为分类指标将顶板稳定性划分为极不稳定、不稳定、中等稳定及稳定顶板等4种类型。杨吉平[184]通过建立组合梁力学模型对互层顶板的应力及其影响因素进行了全面分析，同时，基于弹性薄板理论，推导了两种边界条件下（两端固支和两端简支）顶板的最大弯曲挠度和纵向载荷，并提出可依据跨厚比或极限跨距来判定顶板的稳定性。李东印等[185]建立了自重应力与轴向力共同作用下顶板复合岩层的梁结构模型，计算分析了轴向力大小对岩梁稳定性的影响规律，并以 $N > 0.8N_\sigma$（N 为轴向力，N_σ 为岩梁屈服时的临界压力）作为顶板发生冒顶的判据。高振亮[142]通过建立薄板和梁结构模型分别推导了顶板稳定时的最大拉应力和极限跨距，并分析指出影响复合顶板稳定的三种因素分别为岩体结构参数、工程参数和岩石物理力学性质。

1.2.5.2 煤巷复合顶板锚杆支护技术

陆庭侃等[186]通过现场监测全长锚固锚杆在回采巷道层状顶板中的工作特性，得出层状顶板的非连续变形是锚杆发挥支护效能的关键，锚杆不仅可以阻止岩层的下沉变形，还可以限制层间错动。柏建彪等[23]探讨了复合顶板极软煤层巷道支护强度与围岩变形量的关系，进而提出了锚注支护方案，即利用树脂锚杆（加长锚固）与注浆共同加固巷帮，安装高强锚杆（全长锚固）与小孔径预应力锚索来强化顶板，稳定性增强的顶板和巷帮相互作用确保了围岩整体稳定。何满潮等[187-188]针对夹河矿煤巷难以有效控制问题，在对其工程地质条件剖析及地质力学评估的基础上，开展了复合顶板煤巷变形破坏机制研究，进而提出了锚网索耦合支护方案，围岩控制效果显著。郜进海[189]综合分析了巨厚薄层状复合顶板回采巷道在不同支护工况下的变形破坏规律，并依据顶板破断特征构建了"梁–拱"结构力学模型，通过力学分析锚杆锚索支护时顶板的稳定条件而对支护参数进行了设计，在工程实践中取得了显著的技术经济效果。

余伟健等[190-191]在对大埋深煤巷复合顶板支护失效机理进行深入分析的基础上，提出并实践了以"预应力桁架锚索"为支护主体的联合控制技术，从而保证了煤巷围岩的稳定。张农等[192-193]在对离层破碎型煤巷顶板失稳机理分析的基础上，提出了"锚带网索＋桁架"联合支护方式，得到了广泛推广应用。苏学贵[30]采用物理模拟、数值模拟、理论分析及工程实践等方法，揭示了锚杆与锚索在特厚（软弱岩层厚度超过8m）复合顶板中支护的梁–拱耦合作用机制，并强调利用锚杆和锚索在顶板不同范围内分别形成组合梁和承载拱是保证顶板稳定的关键。杨峰等[168]探讨了复合顶板变形失稳机理，进而以增大锚杆的主动支护力为出发点提出了"锚杆＋W钢带＋钢筋网＋锚索"联合支护方式，在翟镇煤矿取得了良好的应用效果。张俊文等[194]为了解决煤巷厚层泥岩复合顶板稳定问题，现场调研分析得出顶板以拉剪破坏、膨胀破坏和松动破坏为主，指出此类顶板支护的难点在于浅部围岩无稳定可靠的锚固承载层。支护方案以强力锚杆、高预应力锚索为基础，实施分区注浆，现场监测表明支护效果显著。高明仕等[195]针对单一长度锚索支护下厚层松软复合顶板难以稳定问题，提出了梯次支护原理，即由长度不等的锚杆、短锚索和长锚索分阶支护（一阶、二阶和三阶）的顶板层状岩层被组合锚固成一个完整的阶梯式立体承载结构。

常聚才[196]利用预应力锚索梁及由低黏度树脂锚固剂全长锚固的高强锚杆对深井大断面煤巷的复合顶板予以支护，经锚杆受力及顶板变形监测，表明该锚杆锚固技术使锚杆的工作性能得以良好发挥，进而增强了顶板稳定性。李桂臣[197]综合研究了软弱夹层层位、水及动压等因素对软弱夹层顶板巷道稳定性的影响规律，进而构建了该类巷道的安全技术控制体系。马其华等[198]结合松散破碎复合顶板的工程案例，验证了预应力中空注浆锚索配合锚网索的联合支护方式对复合顶板的变形控制是行之有效的。李永亮[199]针对赵庄矿大断面层状顶板煤巷变形破坏特征，提出了以长锚杆（长度为 3.2m）、短锚索和长锚索为支护主体的多层次支护技术。吴志忠等[200]通过对不等长度锚杆在巷道顶板锚固支护中的作用机理分析，提出了以短锚杆、长锚杆及锚索分别对煤巷复合顶板进行一、二、三级支护的叠加支护技术。

综上所述，国内外众多专家学者以对掘进工作面围岩稳定性规律、锚杆支护理论、复合顶板煤巷变形破坏机理及其控制技术的研究为基础，主要从掘进设备选型、施工工艺优化及支护参数设计等方面探究了煤巷综掘及支护技术，取得了丰富的理论与应用成果。然而，对矩形断面煤巷综掘空间复合顶板稳定机制及其控制技术的研究仍不够充分，若忽视了地质、施工等条件的差异性而生搬硬套前人的研究成果，轻者导致综合机械化掘进效能难以充分发挥，掘进速度偏慢，重者造成安全事故。因此，分析综掘工作面不同空间区域复合顶板的稳定机制及其影响因素，并确定出最佳的空顶距离、安全的支护参数及合理的工艺流程，对复合顶板煤巷安全、快速掘进的重要性不言而喻。

2 矩形断面复合顶板煤巷围岩地质力学特性

全面系统地掌握煤巷围岩的地质力学特性是掘进参数选择、围岩支护设计的重要基础。鉴于此，本章对矩形断面综掘煤巷的地应力场分布规律、围岩的矿物成分及其含量、煤岩体的物理力学参数、顶板结构等展开研究。

2.1 赵庄矿工程地质环境

2.1.1 井田概况

赵庄矿采用立井兼斜井综合开拓方式，初步设计产能为 6.00Mt/a，改扩建后达到 8.00Mt/a。井田地处长子县境内，北距县城约 16km，地理坐标为东经 112°48′10″ ~ 112°58′00″、北纬 35°54′10″ ~ 36°03′00″，矿区周边四通八达的交通网主要由太—焦（太原—焦作）铁路、省道（S227）、县道及乡道构成，交通十分便利。

2.1.2 煤系地层

井田位于沁水煤田东南部，地层自上而下依次为第四系（Q）、第三系上新统（N_2）、三叠系下统刘家沟组（T_1l）、二叠系上统石千峰组（P_2sh）、二叠系上统上石盒子组（P_2s）、二叠系下统下石盒子组（P_1x）、二叠系下统山西组（P_1s）、石炭系上统太原组（C_3t）、石炭系中统本溪组（C_2b）、奥陶系中统峰峰组（O_2f）和奥陶系中统上马家沟组（O_2s）。含煤地层主要包括二叠系下统山西组（P_1s）和石炭系上统太原组（C_3t）。山西组地层厚度为 37.43 ~ 71.46m，平均为 46.10m，主要由深灰 ~ 黑色泥岩、深灰 ~ 浅灰色砂岩及 1 ~ 3 层煤组成，本组含 1 号、2 号、3 号煤层，其中 3 号煤层位于本组下部，为勘探区主采煤层，其他为局部可采和不可采煤层。太原组厚度 79.50 ~ 140.64m，平均 107.08m，岩性主要由深灰 ~ 黑色泥岩、深灰 ~ 灰黑色粉砂岩、深灰色石灰岩、灰白 ~ 深灰色砂岩及煤层组成，为一套海陆交互相含煤沉积地层，含煤 12 层，其中 15 号煤层为主采煤层之一。太原组和山西组二者累计厚度达 118.19 ~ 206.86m，一般为 153.57m，含煤 15 层，煤层厚度累计 3.38 ~ 18.21m，平均 12.80m，含煤系数 8.33%。3 号煤层为以低中灰 ~ 中灰、特低硫为主的贫煤与无烟煤。15 号煤层为以中灰为主的无烟煤或贫煤。

2.1.3　地质构造

井田总体为一走向 NNE、倾向 NW、倾角 5°～10°，并伴有少量陷落柱和正断层的单斜构造[201]，在此基础上发育了一系列 NNE 向的宽缓褶曲，由此形成波状起伏的岩层。井田内主要褶曲和断层以走向 NNE 居多。伴生的次一级断层为 NEE 和 NE 向。当二者交叉时，后者切割前者，如兴旺庄北、南正断层切割郭村背斜和东坡向斜。南部断裂和褶曲偏转成 NE（受后期构造运动的影响），如黑山断层、掘山北背斜等。

2.1.4　水文地质条件

勘探区内主要含水层由老至新依次为奥陶系岩溶裂隙含水层、石炭系太原组岩溶裂隙含水层、二叠系下统山西组以及山西组以上碎屑岩砂岩裂隙含水层、基岩风化壳裂隙含水层和新生界松散岩类孔隙含水层。隔水层主要包括奥陶系峰峰组泥灰岩、泥质灰岩隔水层、石炭系中统本溪组隔水层和上石盒子组中下部及下石盒子组隔水层。主采煤层 3 号煤层的水文地质类型属于二类一型，即以裂隙含水层充水为主、水文地质条件简单～中等的充水矿床。15 号煤层的水文地质类型为三类第一亚类三型，即以溶蚀裂隙充水为主、水文地质条件复杂的岩溶充水矿床。

2.2　地应力测试原理及应力场分布规律

地应力是存在于地层中且未受工程扰动的天然应力，也称为原岩应力。地应力是客观存在于地层中且受埋深、地层岩性、地质构造、岩体温度及地形地貌等多因素影响的内应力。地应力的形成具有显著的时空特性，即地应力场具有复杂属性和多变属性，即使在同一井田不同施工地点差异性也较大。在地应力的众多组成部分中，构造应力和自重应力占主导地位。煤矿井巷工程的开挖必然引起周围煤岩体内的天然应力产生扰动，进而引起围岩应力的重新分布，应力状态的改变将导致开挖巷硐周边围岩变形、破坏，甚至引发安全事故，即地应力是导致巷道围岩变形破坏的源动力。因此，精准掌握地应力场的分布规律对分析巷道围岩变形失稳机理至关重要。

2.2.1　地应力测试原理与仪器

具体井巷工程实现科学的施工设计、围岩稳定性分析与控制都离不开地应力大小和方向的准确测试。然而，迄今为止，尚不能采用力学、数学或模型分析获取地应力的大小及方向，通过地应力测试是查明具体井巷工程所处地应力状态的唯一途径。

目前，地应力测试的方法主要包括直接和间接测量法。按其测试原理可细分为应变恢复法、应变解除法、应力解除法、应力恢复法、声发射法、水压致裂法、重力法及 X 射线法。其中，水压致裂法和应力解除法是当前我国煤矿广泛用于测试地应力大小和方向的测试方法。由于本次所采用的方法是应力解除法，所以此处仅简单介绍应力解除法的测试原理。

2.2.1.1 应力解除法测试原理[202]

应力解除法是通过套取岩芯对测试位置岩体进行扰动，使其周围应力状态发生改变，从而通过应变监测手段获取岩芯岩体的应变值。根据测试岩体的应力－应变本构关系，间接测定原岩应力。

岩体中一点的三维应力状态可由选定坐标系中的 6 个分量来表示，如图 2-1 所示。钻孔孔边围岩应力 σ_r、σ_θ、σ_z^*、$\tau_{r\theta}$、$\tau_{\theta z}$、τ_{rz} 与原岩应力之间有如下关系：

$$
\begin{cases}
\sigma_r = \dfrac{1}{2}(\sigma_x + \sigma_y)\left(1 - \dfrac{a^2}{r^2}\right) + \dfrac{1}{2}(\sigma_x - \sigma_y)\left(1 - 4\dfrac{a^2}{r^2} + 3\dfrac{a^4}{r^4}\right)\cos2\theta + \\
\qquad \tau_{xy}\left(1 - 4\dfrac{a^2}{r^2} + 3\dfrac{a^4}{r^4}\right)\sin2\theta \\[2mm]
\sigma_\theta = \dfrac{1}{2}(\sigma_x + \sigma_y)\left(1 + \dfrac{a^2}{r^2}\right) - \dfrac{1}{2}(\sigma_x - \sigma_y)\left(1 + 3\dfrac{a^4}{r^4}\right)\cos2\theta - \tau_{xy}\left(1 + 3\dfrac{a^4}{r^4}\right)\sin2\theta \\[2mm]
\sigma_z^* = \sigma_z - 2\mu(\sigma_x - \sigma_y)\dfrac{a^2}{r^2}\cos2\theta - 4\mu\tau_{xy}\dfrac{a^2}{r^2}\sin2\theta \\[2mm]
\tau_{r\theta} = \dfrac{1}{2}(\sigma_x - \sigma_y)\left(1 + 2\dfrac{a^2}{r^2} - 3\dfrac{a^4}{r^4}\right)\sin2\theta + \tau_{xy}\left(1 + 2\dfrac{a^2}{r^2} - 3\dfrac{a^4}{r^4}\right)\cos2\theta \\[2mm]
\tau_{\theta z} = \tau_{yz}\left(1 + \dfrac{a^2}{r^2}\right)\cos\theta - \tau_{xz}\left(1 + \dfrac{a^2}{r^2}\right)\sin\theta \\[2mm]
\tau_{rz} = (\tau_{xz}\cos\theta + \tau_{yz}\sin\theta)\left(1 - \dfrac{a^2}{r^2}\right)
\end{cases}
$$

$$(2-1)$$

式中，σ_x、σ_y、σ_z、τ_{xy}、τ_{yz}、τ_{xz} 为钻孔前的原岩应力分量；σ_z^* 为钻孔边缘处的轴向应力分量。

利用三轴孔壁应变计方法求解原岩应力的公式为：

$$
\begin{cases}
\varepsilon_\theta = \dfrac{1}{E}\{(\sigma_x + \sigma_y) + 2(1 - \mu^2)[(\sigma_y - \sigma_x)\cos2\theta - 2\tau_{xy}\sin2\theta] - \mu\sigma_z\} \\[2mm]
\varepsilon_z = \dfrac{1}{E}[\sigma_z - \mu(\sigma_x + \sigma_y)] \\[2mm]
\gamma_{\theta z} = \dfrac{4}{E}(1 + \mu)(\tau_{yz}\cos\theta - \tau_{zx}\sin\theta) \\[2mm]
\varepsilon_{\pm45°} = \dfrac{1}{2}(\varepsilon_\theta + \varepsilon_z \pm \gamma_{\theta z})
\end{cases}
$$

$$(2-2)$$

式中，ε_θ、ε_z、$\varepsilon_{\pm45°}$ 分别为钻孔孔壁上的周向应变、轴向应变和与钻孔轴线成45°

方向的应变；$\gamma_{\theta z}$ 为剪切应变；E 为岩石的弹性模量；μ 为岩石的泊松比。

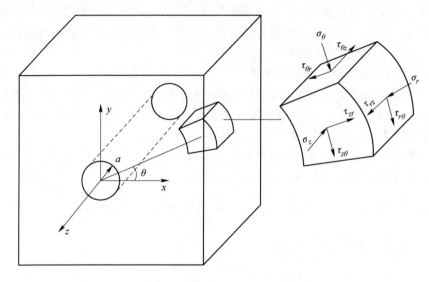

图 2-1 三维钻孔孔壁应力应变图

若采用空心包体应变计测试，因其三组应变花（三个方向应变片各一组）被嵌埋于由环氧树脂所制成的空心圆筒中，应变片不与岩体直接接触，所以需要通过引入 4 个系数（k_1、k_2、k_3、k_4）来解决因应变片不是直接粘贴在岩石孔壁上所造成的影响，则式（2-2）转换为：

$$\begin{cases} \varepsilon_\theta = \dfrac{1}{E}\left\{ (\sigma_x + \sigma_y)k_1 + 2(1-\mu^2)\left[(\sigma_y - \sigma_x)\cos2\theta - 2\tau_{xy}\sin2\theta \right]k_2 - \mu\sigma_z k_4 \right\} \\[2mm] \varepsilon_z = \dfrac{1}{E}\left[\sigma_z - \mu(\sigma_x + \sigma_y) \right] \\[2mm] \gamma_{\theta z} = \dfrac{4}{E}(1+\mu)(\tau_{yz}\cos\theta - \tau_{zx}\sin\theta)k_3 \\[2mm] \varepsilon_{\pm45°} = \dfrac{1}{2}(\varepsilon_\theta + \varepsilon_z \pm \gamma_{\theta z}) \end{cases} \tag{2-3}$$

Pender 和 Duncan Fama 给出了系数 $k(k_1、k_2、k_3、k_4)$ 的计算公式，其形式为：

$$\begin{cases} k_1 = d_1(1-\mu_1\mu_2)\left(1 - 2\mu_1 + \dfrac{R_1^2}{\rho^2} \right) + \mu_1\mu_2 \\[2mm] k_2 = (1-\mu_1)d_2\rho^2 + d_3 + \mu_1\dfrac{d_4}{\rho^2} + \dfrac{d_5}{\rho^4} \\[2mm] k_3 = d_6\left(1 + \dfrac{R_1^2}{\rho^2} \right) \\[2mm] k_4 = (\mu_2 - \mu_1)d_1\left(1 - 2\mu_1 + \dfrac{R_1^2}{\rho^2} \right)\mu_2 + \dfrac{\mu_1}{\mu_2} \end{cases} \tag{2-4}$$

$$\begin{cases} d_1 = d\,\dfrac{1}{1 - 2\mu_1 + m^2 + n(1 - m^2)} \\[2mm] d_2 = \dfrac{12(1 - n)m^2(1 - m^2)}{R_2^2 D} \\[2mm] d_3 = \dfrac{1}{D}\big[\,m^4(4m^2 - 3)(1 - n) + x_1 + n\,\big] \\[2mm] d_4 = -\dfrac{4R_1^2}{D}\big[\,m^6(1 - n) + x_1 + n\,\big] \\[2mm] d_5 = \dfrac{3R_1^4}{D}\big[\,m^4(1 - n) + x_1 + n\,\big] \\[2mm] d_6 = \dfrac{1}{1 + m^2 + n(1 - m^2)} \\[2mm] D = (1 + x_2 n)\big[\,x_1 + n + (1 - n)(3m^2 - 6m^4 + 4m^6)\,\big] + \\[1mm] \quad (x_1 - x_2 n)m^2\big[\,(1 - n)m^6 + (x_1 + n)\,\big] \\[2mm] x_1 = 3 - 4\mu_1 \\[1mm] x_2 = 3 - 4\mu_2 \\[1mm] n = \dfrac{G_1}{G_2} \\[2mm] m = \dfrac{R_1}{R_2} \end{cases} \tag{2-5}$$

式中，R_1 为空心包体内半径；R_2 为安装小孔半径；μ_1、μ_2 分别为空心包体材料和岩石的泊松比；G_1、G_2 分别为空心包体材料环氧树脂和岩石的剪切模量；ρ 为电阻应变片在空心包体中的径向距离。

由此可见，影响系数 k 的因素有岩石和空心包体材料的钻孔直径、泊松比、弹性模量、应变片的粘贴位置、空心包体的内外直径。因此，在每次进行地应力解除试验时都要先进行系数 k 的确定。

2.2.1.2　地应力测试所需仪器

A　空心包体应变计

空心包体应变计是三维地应力测试中的核心原件，最早是由澳大利亚联邦科学与工业研究院（CSIRO）的 G. Worotnicki 和 R. Walton 所研制。国内广泛应用的是由中国地质科学院地质力学研究所研发的 KX-81 型空心包体三轴应变计（如图 2-2 所示），该型应变计外径为 35.5mm，工作长度为 150mm，可安装在直径为 36~38mm 的小钻孔中，可在单孔中通过一次套芯解除获得三维应力状态。

B　SDX 水平定向仪

SDX 水平定向仪用于确定倾斜或水平钻孔中应变计应变片的方向，它由转换

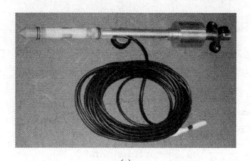

(a)

(b)

图 2-2   KX-81 型空心包体三轴应变计

（a）实物图；（b）空心包体应变计结构与安装示意图

1—安装杆；2—定向器导线；3—定向器；4—读数电缆；5—定向销；6—密封圈；

7—环氧树脂筒；8—空腔（内装黏结剂）；9—固定销；10—应力计与孔壁之间的空隙；

11—柱塞；12—岩石钻孔；13—出胶孔；14—密封孔；15—导向头；16—应变花

器和显示器两部分组成，其结构如图 2-3 所示。测量时将装有应变计的定向仪推入钻孔中所需要的位置，安装完毕后开始仪器读数，然后通过率定曲线查出相应的角度，或利用式（2-6）换算出应变计标准线与水平右向的夹角（逆时针为正）。

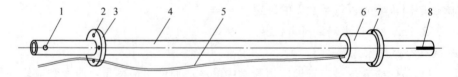

图 2-3   水平定向仪

1—销孔；2—导线孔；3—法兰；4—定向杆；5—传感器导线；

6—传感器安放箱；7—应变计导线孔；8—应变计安装销槽

$$\theta = 180° - \frac{V_{测} - V_{标}}{5} \tag{2-6}$$

式中，$V_{测}$ 为仪器读数；$V_{标}$ 为定向仪标线在正上方时的显示读数。

C 围压率定仪

围压率定仪用于现场测定岩芯的泊松比 μ 和弹性模量 E 两个参数，计算公式见式（2-7）；还可用于检测应变计的可靠性。围压率定仪主要由围压器和油泵组成，其结构如图 2-4 所示。

$$\begin{cases} E = \dfrac{2p_0/\varepsilon_t}{1-(d/D)^2} \\ \mu = \dfrac{\varepsilon_x}{\varepsilon_t} \end{cases} \tag{2-7}$$

式中，p_0 为围压值，MPa；D 为岩芯外径，mm；d 为岩芯小孔内径，mm；ε_t 为周向应变；ε_x 为轴向应变。

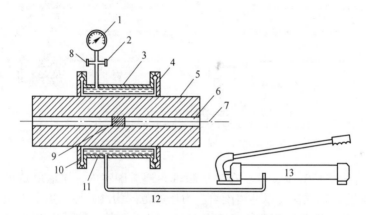

图 2-4 围压率定仪结构示意图

1—压力表；2—调节阀；3—钢筒；4—钢板；5—岩芯；6—小孔；7—导线；
8—放气阀；9—元件；10—橡胶筒；11—油；12—油管；13—油泵

2.2.1.3 地应力测点布置原则

为保证所测结果能够最大限度地反映整个矿区的地应力分布规律，每一测点的布置与选择都要从多个角度经过反复考虑而确定，应遵循以下原则：

（1）为了提高实验的成功率，原岩应力测点应尽量避开地质构造较复杂的地段，特别是地应力集中的部位；测点应在完整或尽量完整的岩体内，一般选在掌子面上或巷道中，一般要远离断层，避开岩石破碎、断裂发育带。

（2）远离或尽量远离较大开挖体，如大的采空区、大硐室等。避开巷道和采场的弯、叉、拐、顶部等应力集中区，使地应力测点尽量位于原始应力状态受工程扰动较少的地区。

（3）测量有代表性的岩性区，围绕矿区急需解决的问题来确定测点，一个采区内尽量布置一个原岩应力测点。

（4）现场考察施工条件，应考虑钻机的搬运方便与否，尽量利用轨道运输，还应考虑通水通电通风等因素，避免影响正常生产的进行。

（5）根据岩石力学分析，测孔深度至少为巷道宽度的 3~5 倍，使应变传感器位于影响范围以外；在实际测量中，根据岩石的强度、变形条件不同，设置不同深度的钻孔，在地应力不发生较大变化的范围测得地应力。

2.2.1.4　地应力测试步骤[203]

应力解除是通过应力扰动原理来获取应力的大小和方向，该方法采用套芯技术将一个试块承受的围岩应力与周围岩体相隔离。地应力实测中通常采用空心包体类环氧树脂三轴应变法，应力解除过程如图 2-5 所示。

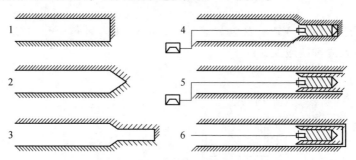

图 2-5　空心包体法现场测试步骤

1—钻直径 130mm 钻孔；2—钻喇叭口；3—钻直径 36mm 小孔；

4—安装应力计；5—套芯；6—折断岩芯并取出

（1）钻直径 130mm 大孔：在井下测量巷道或硐室内，用地质钻机向围岩钻进应力解除孔，钻孔深度以巷道围岩应力场的范围为准，终孔点要不受巷道围岩应力场的影响（例如大于巷道直径的 4~5 倍）。此外，钻孔上倾角度至少保持 3°~5°，以便水流出并易于清洗钻孔。现场施工所取岩芯如图 2-6 所示。

图 2-6　现场所取的岩芯

（2）钻喇叭口：采用平钻头将直径 130mm 的钻孔孔底磨平，再换用锥形钻头钻出喇叭口。

（3）钻直径 36mm 小孔：采用特制钻头，向孔底钻进直径为 36mm、孔深为

20cm 的同心小孔，小孔打好后，用水冲洗干净，再用酒精或丙酮擦洗。

（4）安装应力计：先用砂纸将包体外表面打毛，在包体空腔内倒入适量的黏结剂（按比例配制而成的）并固定好销钉，将安装在定向器上的包体缓慢地送入大孔中，并保证包体能够完好地进到小孔中，待包体筒体部分进入小孔20cm 后将固定销剪断，再将包体向里推进 10cm，黏结剂凝固后记录应力计偏心角及钻孔方位。现场测试过程如图 2-7 所示。

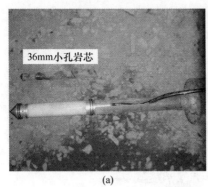

(a)　　　　　　　　　　　　　(b)

图 2-7　现场测试过程

（a）空心包体；（b）安装过程

（5）应力解除：空心包体安装之后的 24h 内环氧树脂固化，把推杆连同定向仪从钻孔中取出，并记录仪器所显示的方位角度，使用罗盘测量孔内的方位与倾角。每 10min 使用应变仪测量一次，当三次测量的误差控制在 5 以内，此时钻孔数据稳定，即为测量的初始数据。采用分级深度进行应力解除工作，每级解除后随即进行两次数据读取，当套芯的接触深度达到一定数值、应变计示数稳定下来之后每 10min 进行一次数据采集工作，当两次读数差别小于 5 后，不再进行解除。现场取出空心包体与岩芯的共同体如图 2-8 所示。

图 2-8　现场取出的空心包体和岩芯的共同体

（6）参数测定：将取出的岩芯用保鲜膜包裹，运至地面立即用率定仪对岩芯的弹性模量及泊松比进行测量。

2.2.2　地应力场分布规律

本次测量所布测点位于赵庄煤矿 5 盘区 53101 巷和 3 盘区西翼胶带大巷内，测点处巷道帮部岩性比较完整，有利于导孔成型。根据应力解除数据，测点处应变数据与解除距离曲线如图 2-9 所示。

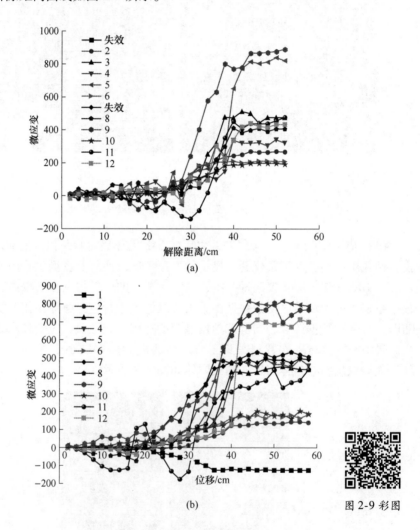

图 2-9 彩图

图 2-9　应力计应力解除曲线

（a）5 盘区 53101 巷应力计应力解除曲线；（b）3 盘区西翼胶带大巷应力计应力解除曲线

赵庄矿历经 10 余年的生产运营，期间持续不断地开展地应力测试工作，赵庄矿地应力测试结果如表2-1和图2-10所示。由地应力测试数据分析可知，赵庄矿地应力具有以下分布特征。

表 2-1 赵庄矿实测地应力大小

编号	测试地点	埋深/m	垂直应力 σ_v/MPa	最大水平应力 σ_H/MPa	最小水平应力 σ_h/MPa	$\dfrac{\sigma_H}{\sigma_v}$	$\dfrac{\sigma_H}{\sigma_h}$	$\dfrac{\sigma_H+\sigma_h}{2\sigma_v}$
1	5103 巷	425	10.62	10.72	5.56	1.01	1.93	0.77
2	5102 巷	427	10.68	12.08	7.2	1.13	1.68	0.90
3	33052 巷	432	10.8	9.81	5.36	0.91	1.83	0.70
4	33052 巷	433	10.83	9.0	4.92	0.83	1.83	0.64
5	井口南侧行车道	414.5	10.36	9.19	4.9	0.89	1.88	0.68
6	等候室附近	415.7	10.39	12.47	6.7	1.20	1.86	0.92
7	井口南侧行车道	414.3	10.36	10.65	5.9	1.03	1.81	0.80
8	首采面胶带巷	488.3	12.21	13.01	7.41	1.07	1.76	0.84
9	首采面回风巷	495	12.38	13.98	7.5	1.13	1.86	0.87
10	西辅助运输大巷	505	12.63	14.83	8.12	1.17	1.83	0.91
11	1101 巷	528	13.2	16.22	8.51	1.23	1.91	0.94
12	1101 巷	502	12.55	15.1	8.23	1.20	1.83	0.93
13	西辅助运输大巷	512	12.8	11.74	6.66	0.92	1.76	0.72
14	西辅助运输大巷	508	12.7	13.23	7.06	1.04	1.87	0.80
15	53101 巷	450	12.38	13.41	9.69	1.08	1.38	0.93
16	西翼胶带大巷	720	18.34	20.47	15.65	1.12	1.31	0.98

2.2.2.1 地应力大小及方向

在所有16个测点中，有13个测点的最大水平主应力 σ_H 大于10MPa，占81.25%，其余测点的最大水平主应力分别为9MPa、9.19MPa和9.81MPa，基本接近于10MPa。依据相关量化判定标准：0MPa ≤ σ_H < 10MPa，属于低应力区；10MPa ≤ σ_H < 18MPa，属于中等应力区；18MPa ≤ σ_H < 30MPa，属于高应力区；σ_H ≥ 30MPa，属于超高应力区。由此判定赵庄矿区属于中等应力矿区。赵庄矿最大水平主应力的方位角主要集中于319°～342°，方向分布比较集中。

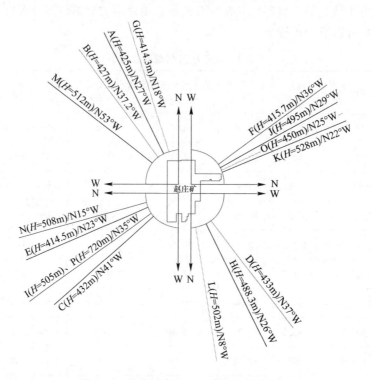

图 2-10   赵庄矿实测最大水平主应力方向

2.2.2.2 地应力场基本类型

赵庄矿绝大部分测点的地应力呈现 $\sigma_H > \sigma_v > \sigma_h$ 特征，占总实测点的 75%，最大水平主应力与垂直主应力的比值介于 1.01 和 1.23 之间；仅 4 个测点出现 $\sigma_v > \sigma_H > \sigma_h$，占总实测点的 25%，最大水平主应力与垂直主应力的比值略小于 1，其值分别为 0.83、0.89、0.91 和 0.92。总体上看，赵庄井田原岩应力以水平应力为主，构造应力占绝对优势，即属于典型的构造应力场类型[204]。

2.2.2.3 主应力大小随埋深的变化规律

赵庄矿实测点地应力大小与埋深间的关系如图 2-11 所示。最小水平主应力 σ_h 和最大水平主应力 σ_H 分布均呈现较强的离散性，即同一埋深不同地点的地应力大小变化较大，体现了不同位置受构造影响程度存在明显差异。但回归趋势线体现了最小水平主应力 σ_h 和最大水平主应力 σ_H 的大小均随埋深增大而增大，近似呈线性增长。

2.2.2.4 应力比值与埋深的关系

赵庄矿实测地点的应力比值 σ_H/σ_v、σ_H/σ_h 和 $(\sigma_H + \sigma_h)/2\sigma_v$ 与埋深的关系如图 2-12 所示。由回归趋势线可知，最大水平主应力和垂直主应力的比值随着

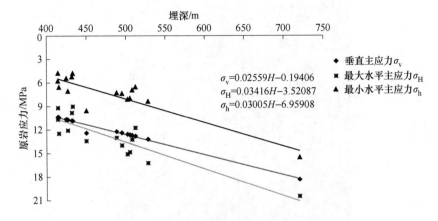

图 2-11　实测地应力大小与埋深的关系

埋深的增加逐渐增大，但增幅不大，平均水平主应力和垂直主应力的比值也呈现同一规律，而最大水平主应力和最小水平主应力的比值随埋深增加而降低。

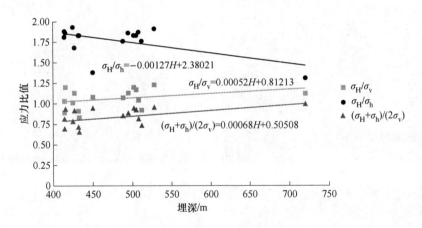

图 2-12　应力比值与埋深的关系

2.3　围岩矿物成分及其含量测试

受原始沉积作用和后期构造作用影响，含煤岩系具有典型的非连续性和非均质性，矿物成分是组成煤岩体的基本单元，构成煤岩体的矿物成分及其相对含量对煤岩体的力学性质具有重要影响。因此矿物成分的测试工作对于巷道支护设计十分重要。

本次试验现场采集的部分围岩试样如图 2-13 所示。本次测试主要仪器如图 2-14 所示。

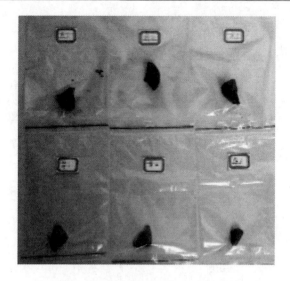

图 2-13　现场采集的部分围岩试样

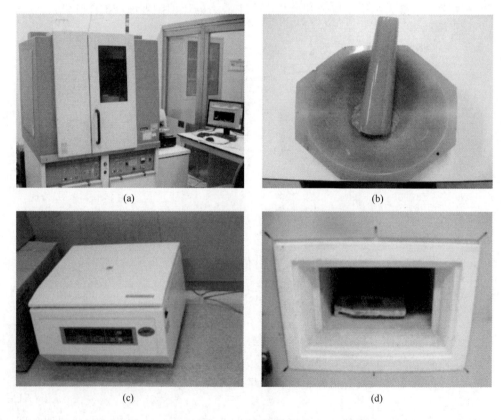

图 2-14　主要测试仪器
（a）D/MAX 2500 型 X 射线衍射仪；（b）研钵；（c）离心机；（d）马弗炉

2.3.1 黏土矿物总量衍射分析实验

2.3.1.1 黏土矿物总量和常见非黏土矿物定性分析

将试样的 X 射线衍射数据与矿物的标准 X 射线衍射数据对比，从而确定出围岩的矿物组成成分。由实测数据分析可知，赵庄矿 53101 巷帮部煤体的矿物组成成分主要包含方解石、白云石、黏土矿物和非晶质矿物等；直接顶泥岩的矿物组成成分主要包含石英、钠长石、钾长石、菱铁矿、白云石、方解石、非晶质矿物和黏土矿物等。

2.3.1.2 黏土矿物总量和常见非黏土矿物定量分析

A 黏土矿物总量的测定方法和计算

（1）采用称重仪称取 50g 岩石样品，采用自然沉降法提取粒径小于 10μm 的全部组分。粒径小于 10μm 组分在样品中的百分含量按下式计算：

$$X_{10} = \frac{W_{10}}{W_T} \times 100\% \qquad (2-8)$$

式中 X_{10}——粒径小于 10μm 组分在样品中的百分含量，%；

W_{10}——粒径小于 10μm 组分的质量，g；

W_T——样品的质量，g。

（2）在粒径小于 10μm 组分的试样中按 1:1 掺入刚玉，混合均匀后测量选定衍射峰的积分强度。

（3）试样中非黏土矿物组分含量的计算：

$$X_i = \frac{1}{K_i} \times \frac{I_i}{I_{cor}} \times 100\% \qquad (2-9)$$

式中 X_i——试样中 i 矿物的百分含量，%；

K_i——i 矿物的参比强度；

I_i——i 矿物某衍射峰的强度；

I_{cor}——刚玉某衍射峰的强度。

粒径小于 10μm 组分中各种非黏土矿物含量的总和为 $\sum_{i=1} X_i$。

（4）黏土矿物总的百分含量计算：

$$X_{TCCM} = X_{10} \times \left(1 - \sum_{i=1} X_i\right) \qquad (2-10)$$

B 各种非黏土矿物总量的测定方法和计算

（1）取岩石样品 1~2g，测量各种非黏土矿物的衍射峰值强度。

（2）利用绝热法计算各种非黏土矿物的百分含量，其计算公式如下：

$$X_i = \frac{I_i/K_i}{\sum_{i=1}(I_i/K_i)} \times (1 - X_{TCCM}) \times 100\% \qquad (2-11)$$

根据试样 X 射线衍射图谱和公式，试样中矿物种类和含量、黏土矿物总量如表 2-2 所示。

表 2-2　矿物种类和含量、黏土矿物总量汇总表　　　　　（%）

层位	岩性	矿物种类和含量						黏土矿物总量
		石英	钠长石	方解石	白云石	菱铁矿	非晶质	
帮部	煤	—	—	4.1	2.2	—	81.5	12.2
帮部	煤	—	—	4.0	2.6	—	81.0	12.4
帮部	煤	—	—	4.2	2.0	—	81.8	12.0
直接顶	泥岩	31.6	5.1	—	2.1	14.9	—	46.3
直接顶	泥岩	31.7	4.8	—	2.0	14.8	—	46.7
直接顶	泥岩	32.1	4.9	—	2.1	15.1	—	45.8

2.3.2　黏土矿物相对含量 X 射线衍射分析实验

2.3.2.1　黏土矿物种类定性分析

根据 X 射线谱图，可以定性地分析出试样中含有的黏土矿物种类。根据实验可知，赵庄煤矿 53101 巷帮煤体试样中含有的黏土成分主要有伊利石 I 和高岭石 K 等，直接顶泥岩试样中含有的黏土成分主要有伊利石/蒙皂石混层 I/S、伊利石 I、绿泥石 C 和高岭石 K 等。

2.3.2.2　黏土矿物相对含量定量分析

试样黏土矿物相对含量（%）的计算公式为：

$$K_{ao} + C = \frac{I_{0.7nm}(N)/1.5}{I_{0.7nm}(N)/1.5 + I_{1.0nm}(550℃)} \times 100\% \qquad (2-12)$$

$$K_{ao} = \frac{h_{0.358nm}(EG)}{h_{0.358nm}(EG) + h_{0.353nm}(EG)} \times (K_{ao} + C) \qquad (2-13)$$

$$C = (K_{ao} + C) - K_{ao} \qquad (2-14)$$

$$S = \frac{I_{1.7nm}(EG)/4}{I_{1.0nm}(550℃)} \times [100\% - (K_{ao} + C)] \qquad (2-15)$$

$$I_t = \frac{I_{1.0nm}(EG) \times [h_{0.7nm}(N)/h_{0.7nm}(EG)]}{I_{1.0nm}(550℃)} \times [100\% - (K_{ao} + C)] \qquad (2-16)$$

$$I/S = 100\% - (S + I_t + K_{ao} + C) \qquad (2-17)$$

式中　$I_{0.7nm}(N)$——N 谱图上 0.7nm 衍射峰强度；

　　　$I_{1.0nm}(550℃)$——550℃ 谱图上 1.0nm 衍射峰强度；

　　　$h_{0.358nm}(EG)$——EG 谱图上 0.358nm 衍射峰高度；

　　　$h_{0.353nm}(EG)$——EG 谱图上 0.353nm 衍射峰高度；

$I_{1.7nm}(EG)$——EG 谱图上蒙皂石 1.7nm 衍射峰强度；

$I_{1.0nm}(EG)$——EG 谱图上 1.0nm 衍射峰强度；

$h_{0.7nm}(N)$——N 谱图上 0.7nm 衍射峰高度；

$h_{0.7nm}(EG)$——EG 谱图上 0.7nm 衍射峰高度；

K_{ao}——高岭石含量，%；

C——绿泥石含量，%；

S——蒙皂石含量，%；

I_t——伊利石含量，%；

I/S——伊利石/蒙皂石混层含量，%。

当只有 K_{ao} 而无 C 或只有 C 而无 K_{ao} 时，其百分含量按下式计算：

$$K_{ao} \text{ 或 } C = \frac{I_{0.7nm}(N)/1.5}{I_{0.7nm}(N)/1.5 + I_{1.0nm}(550℃)} \times 100\% \qquad (2-18)$$

当只有 S 而无 I/S 或只有 I/S 而无 S 时，其百分含量按下式计算：

$$S \text{ 或 } I/S = 100\% - (I_t + K_{ao} + C) \qquad (2-19)$$

通过对黏土矿物的相对含量和混层比分析可知，赵庄矿 53101 巷围岩中黏土矿物主要包括伊利石/蒙皂石混层、高岭石、伊利石，黏土矿物含量较高，试样中黏土矿物的相对含量和混层比见表 2-3。黏土矿物遇水易膨胀，抗风化能力差，造成围岩强度急剧降低，对维护巷道的长期稳定极为不利。

表 2-3   黏土矿物的相对含量和混层比统计表   （%）

层位	岩性	黏土矿物相对含量				混层比
		S	I	K	C	I/S
帮部	煤	—	83	17	—	—
帮部	煤	—	82	18	—	—
帮部	煤	—	83	17	—	—
直接顶	泥岩	15	25	53	7	10
直接顶	泥岩	16	24	52	8	10
直接顶	泥岩	16	24	53	7	10

2.4   煤巷围岩力学参数测试

煤岩体的基本物理力学性质包括容重、崩解性、抗压强度、抗拉强度、抗剪强度、泊松比、变形模量及黏聚力等，是反映煤岩体基本物理力学特性的核心因素。同时，煤岩体的基本物理力学参数也是煤岩体工程分类、本构关系构建、工程设计、围岩稳定性控制及数值模拟不可或缺的基础资料。在漫长的地质年代中形成的煤岩体受其成因类型、地质作用及人工扰动等因素影响，其矿物组分、结构特征和应力状态等千差万别，致使不同工程地点处煤岩体的基本物理力学性质差别较大。煤岩体作为井巷掘进的直接对象，掘进空间本身及其周围煤岩体的物理、力学性质不仅制约井巷掘进工艺的选用，而且严重影响施工质量和使用效果。因此，为实现巷道的快速掘进及围岩稳定性控制，通过测试获取煤岩体基本物理、力学参数是基本前提。

2.4.1　试件加工及测试仪器

本次实验严格遵照《煤与岩石物理力学性质测定方法》（GB/T 23561—2009）完成采样，并在实验室利用切石机、钻石机和磨石机等试件加工设备将煤岩块加工成标准试验试件，试件尺寸分别为 $\phi100mm \times 100mm$（单、三轴试验）、$\phi50mm \times 25mm$（劈裂试验）。试件加工规格及其要求如下：

（1）采用圆柱体为标准试样，直径为 50mm，允许变化范围 48～52mm，高度为 100mm，允许变化范围为 98～102mm。

（2）每组试件个数不少于 3 个，取样时应沿垂直层理方向进行取样。

（3）试件加工精度：沿试样整个高度上，直径差不超过 0.3mm；两端面的平行度，最大不超过 0.05mm；端面应垂直于试样轴向，最大偏差不超过 0.25°；立方体或长方体试件相邻两面互相垂直，最大偏差不得大于 0.25°；试样表面应处理光滑。

（4）试件含水状态：试件加工完成后及时用塑料密封袋封装，防止试样含水率、成分等发生变化，尽可能保持天然含水量，试件保存期不超过 30 天。

加工的部分标准试件如图 2-15 所示。

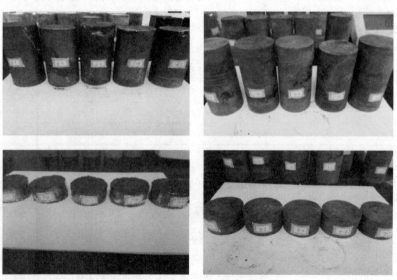

图 2-15　加工的若干标准试件

煤巷围岩物理力学参数试验采用液压伺服试验机，如图 2-16 所示。

(a)

(b)

(c)

图 2-16　测试设备

（a）单轴试验机；（b）三轴试验机；（c）劈裂试验机

2.4.2　试件单轴压缩实验

2.4.2.1　相关参数的计算

（1）试件的单轴抗压强度计算：

$$\sigma_{ci} = \frac{p}{A}$$

式中　σ_{ci}——试件单轴抗压强度，MPa；

　　　p——试件破坏荷载，N；

　　　A——试件横截面面积，mm^2。

（2）每组试件单轴抗压强度的算术平均值计算：

$$\bar{\sigma}_c = \frac{1}{n} \sum_{i=1}^{n} \sigma_{ci}$$

式中　$\bar{\sigma}_c$——试件的平均单轴抗压强度（取 2 位小数），MPa；

　　　σ_{ci}——第 i 个试件的单轴抗压强度，MPa；

　　　　　　n——每组试件个数。

　　（3）试件的弹性模量计算：

$$E_{av} = (\sigma_b - \sigma_a) / (\varepsilon_{lb} - \varepsilon_{la})$$

式中　E_{av}——试件的平均弹性模量，MPa；

　　　　σ_b——应力与纵向应变直线段终点的应力值，MPa；

　　　　σ_a——应力与纵向应变直线段起始点的应力值，MPa；

　　　　ε_{lb}——应力为 σ_b 时的纵向应变值；

　　　　ε_{la}——应力为 σ_a 时的纵向应变值。

　　（4）试件的泊松比计算：

$$\mu_{av} = (\varepsilon_{db} - \varepsilon_{da}) / (\varepsilon_{lb} - \varepsilon_{la})$$

式中　μ_{av}——试件的平均泊松比；

　　　　ε_{db}——应力为 σ_b 时的横向应变值；

　　　　ε_{da}——应力为 σ_a 时的横向应变值。

2.4.2.2　测试结果

　　将尺寸为 $\phi 50\text{mm} \times 100\text{mm}$ 的圆柱体标准煤（岩）体试件分别放在试验机上进行加载，直至试件破坏。在加载过程中，通过引伸计监测试件的轴向和径向应变。部分已破坏的试件如图 2-17 所示。

图 2-17　部分破坏后的试件

煤岩样单轴压缩实验所监测的应力－应变曲线如图2-18和图2-19所示。

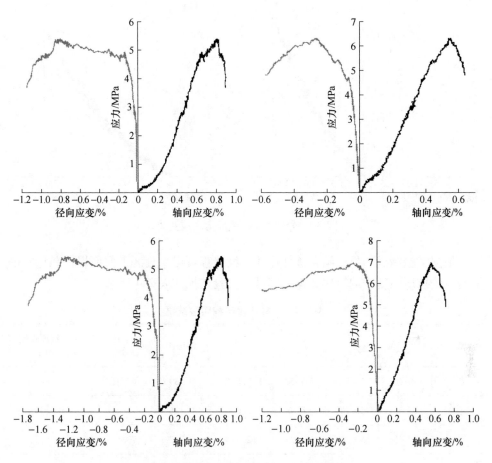

图2-18 煤样单轴压缩应力－应变曲线

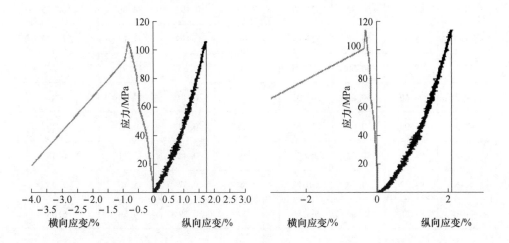

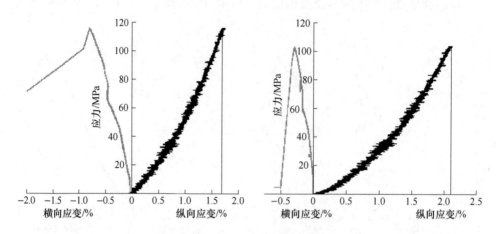

图 2-19　岩样单轴压缩应力 – 应变曲线

　　根据实验测试结果，结合试件尺寸，经计算可得 5 盘区工作面岩样和煤样的平均单轴抗压强度、泊松比和弹性模量，实验结果如表 2-4 所示。

表 2-4　试样单轴压缩实验结果

编号	高度/mm	直径/mm	质量/g	密度/g·cm⁻³	泊松比	弹性模量/GPa	单轴抗压强度/MPa
岩-1	99.60	50.80	539.62	2.67	0.189	69.31	113.45
岩-2	97.88	50.90	520.6	2.61	0.176	71.29	105.55
岩-3	98.60	50.80	528.24	2.64	0.207	72.52	115.62
岩-4	98.20	50.70	529.94	2.67	0.231	68.43	121.65
岩-5	99.10	50.72	521.67	2.60	0.192	74.35	108.75
平均值	98.68	50.78	528.01	2.64	0.199	71.18	113.00
煤-1	98.74	50.50	278.04	1.40	0.35	13.91	6.27
煤-2	94.60	50.80	265.37	1.38	0.40	14.69	6.87
煤-3	99.90	50.68	278.54	1.38	0.39	14.55	5.70
煤-4	94.60	50.62	264.7	1.39	0.42	15.11	6.48
煤-5	98.42	50.60	258.28	1.30	0.37	15.45	7.99
平均值	97.25	50.64	268.99	1.37	0.39	14.74	6.66

2.4.3 试件三轴压缩实验

2.4.3.1 相关参数的计算

（1）不同侧压条件下的轴向应力计算：

$$\sigma = p/A$$

式中　σ——不同侧压条件下的轴向应力，MPa；

　　　p——试件轴向破坏荷载，N；

　　　A——试件面积，mm^2。

（2）根据计算的轴向应力 σ_1 及相应施加的侧压力值绘制莫尔应力圆，根据库仑－莫尔强度理论求取煤岩样在三轴应力状态下的抗压强度参数。

2.4.3.2 测试结果

将尺寸为 $\phi 50mm \times 100mm$ 的圆柱体标准试件分别放在试验机上进行加载，并先施加给定的围岩，然后再对试件进行加载，直至试件破坏。部分已破坏的试件如图 2-20 所示。

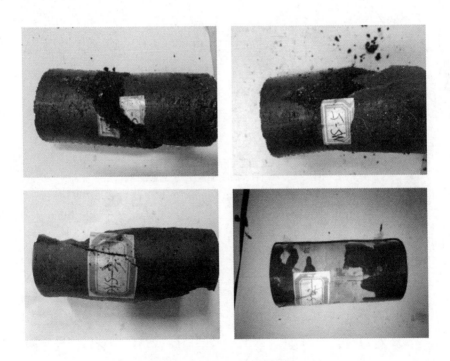

图 2-20　部分破坏后的试件

试件三轴压缩实验监测曲线如图 2-21 和图 2-22 所示，试件在不同围压下的莫尔应力圆如图 2-23 所示。

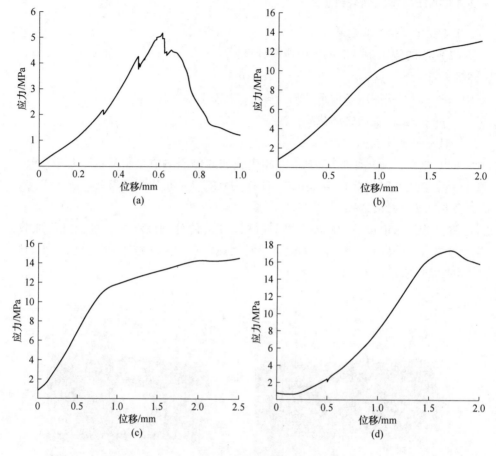

图 2-21　煤样三轴压缩应力 – 位移曲线

（a）围压 0MPa；（b）围压 2MPa；（c）围压 4MPa；（d）围压 6MPa

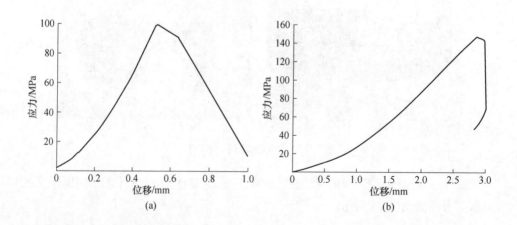

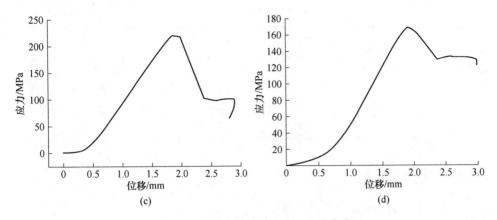

图2-22 岩样三轴压缩应力-位移曲线

（a）围压0MPa；（b）围压8MPa；（c）围压16MPa；（d）围压24MPa

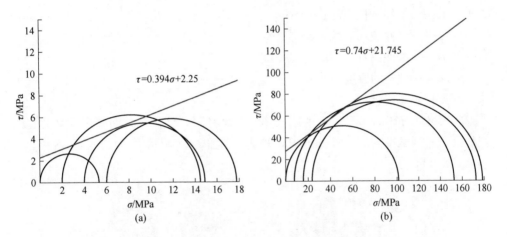

图2-23 试件的莫尔应力圆

（a）煤样的莫尔应力圆；（b）岩样的莫尔应力圆

由图2-21～图2-23可知，试件在有围压作用时，其竖向临界破坏强度要比单轴压缩时有明显增大，且随围压的增加，其强度不断增大。通过对实验结果进行整理和分析，得出煤岩样的三轴力学参数，如表2-5所示。

表2-5 试样三轴压缩实验结果

对应层位	试件编号	围压 σ_3 /MPa	三轴抗压强度 /MPa	黏聚力 c /MPa	摩擦角 φ /（°）
煤样	M-1	0	5.34	2.25	21.55
	M-2	2	14.48		
	M-3	6	14.91		
	M-4	4	17.76		

续表 2-5

对应层位	试件编号	围压 σ_3 /MPa	三轴抗压强度 /MPa	黏聚力 c /MPa	摩擦角 φ /(°)
岩样	Y-1 Y-2 Y-3 Y-4	0 8 16 24	101.55 152.43 178.06 172.47	21.745	36.501

2.4.4　试件劈裂实验

2.4.4.1　试件的抗拉强度计算

$$\sigma_t = \frac{2p}{\pi Dh}$$

式中　σ_t——试件抗拉强度，MPa；

　　　　p——试件破坏荷载，N；

　　　　D——试件的直径，mm；

　　　　h——试件的厚度，mm。

2.4.4.2　测试结果

将尺寸为 $\phi50\text{mm} \times 25\text{mm}$ 的圆柱体标准煤（岩）体试件分别放在试验机上进行加载，直至试件破坏。部分已破坏的试件如图 2-24 所示。

图 2-24　部分破坏后的试件

相应的劈裂实验监测曲线如图 2-25 和图 2-26 所示。

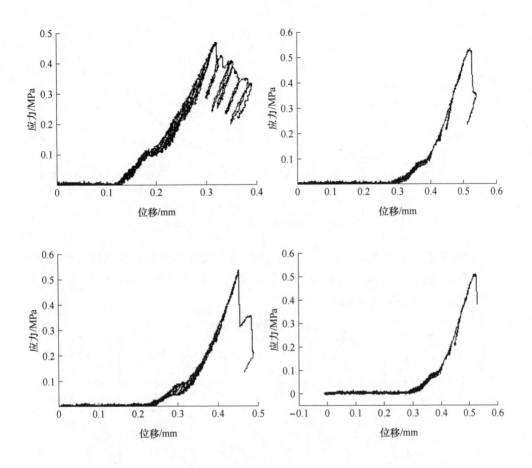

图 2-25　煤样劈裂实验应力－位移曲线

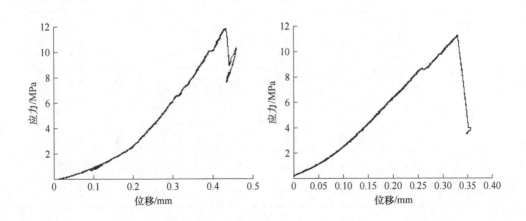

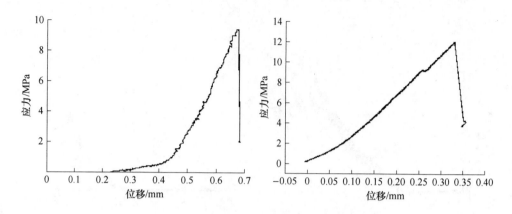

图 2-26　岩样劈裂实验应力 - 位移曲线

　　根据实验监测结果，结合试件的直径和高度尺寸，参照劈裂实验计算公式，同时通过对煤（岩）体试件的劈裂实验结果进行分析，得出试样的单轴抗拉强度平均值。具体实验值如表 2-6 所示。

表 2-6　试样劈裂实验结果

层位	编号	高度 /mm	直径 /mm	质量 /g	密度 /g·cm⁻³	单轴抗拉强度 /MPa
岩石	P-1	25.30	49.90	128.86	2.60	11.812
	P-2	24.72	49.92	128.63	2.65	9.233
	P-3	22.60	49.80	115.60	2.61	11.301
	P-4	24.18	49.76	123.89	2.61	12.092
	P-5	24.00	49.82	123.96	2.63	13.486
平均值		24.16	49.92	124.19	2.62	11.58
煤样	D-1	25.10	50.20	68.97	1.40	0.468
	D-2	22.32	50.20	62.25	1.42	0.539
	D-3	26.28	50.08	70.65	1.37	0.534
	D-4	24.20	49.92	64.97	1.37	0.513
	D-5	25.14	49.52	63.70	1.29	0.408
平均值		24.61	49.93	66.11	1.37	0.492

2.5 煤巷顶板内部结构特征探测

煤巷顶板结构的不同使其变形破坏规律及控制难度不同，为了弄清赵庄矿煤巷顶板结构，采用钻孔多功能成像分析仪（图2-27）对赵庄矿五盘区 5102 巷顶板内部结构进行钻孔窥视探测，探测结果如图2-28 所示。

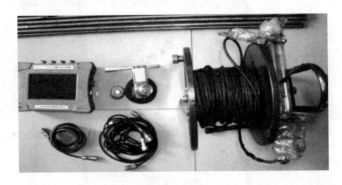

图 2-27　TS-C0601 钻孔多功能成像分析仪

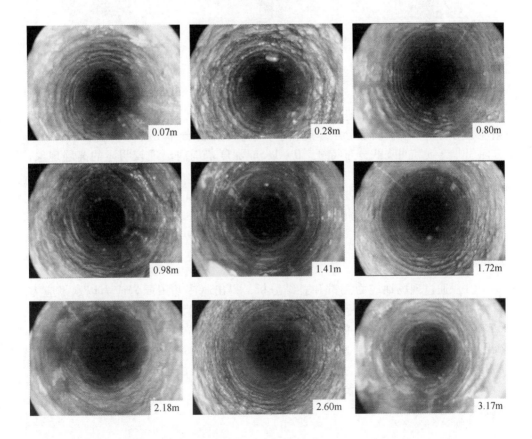

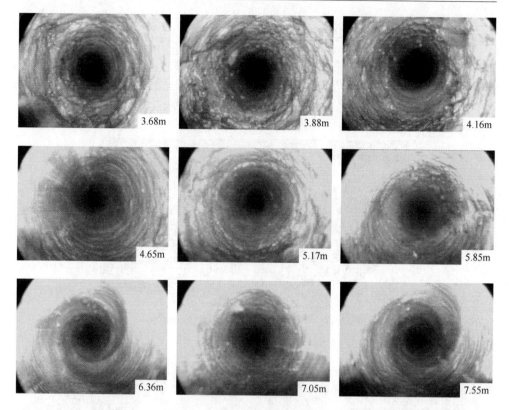

图 2-28　5102 巷顶板内部结构

通过对顶板内部结构进行窥视可以发现：顶板岩层在 0 ~ 4.6m 深度范围内完整性相对较差，顶板岩层分层厚度较小，节理、裂隙分布密度大，且沿顶板纵深方向呈非连续和间隔式分布特征。0 ~ 1.5m 深度范围内出现较明显的离层现象，顶板 1.5 ~ 4.6m 深度范围内顶板含若干层泥质夹层。顶板 4.6 ~ 6.2m 深度范围内顶板的完整性较好，但含有两处夹层，分别在 4.9m 和 5.6m 处，6.2m 以深顶板完整性进一步增强。由此可以看出，赵庄矿煤巷顶板具有复合顶板的典型特征，且属于中厚复合顶板。

2.6　本章小结

（1）通过现场地应力测试和总结分析，得出赵庄井田原岩应力以水平应力为主，构造应力占绝对优势，属于典型的构造应力场类型。

（2）通过现场取样，在实验室内测定了巷道围岩的矿物成分与力学参数，得出巷道顶板泥岩黏土矿物含量大于 45% ，遇水易风化碎裂；煤体强度不足 7MPa，较为松软。

（3）通过钻孔窥视探测，顶板岩层分层厚度小，节理、裂隙发育，属于典型的中厚复合顶板。

3 矩形断面综掘煤巷复合顶板稳定性渐次演化规律研究

针对煤巷综掘工作面具有典型的空间移动特征，本章采用数值模拟软件 FLAC³ᴰ5.0 对矩形断面煤巷综掘施工过程中复合顶板的变形规律及其稳定性影响因素进行模拟，通过对复合顶板力学响应特征进行分析，探究矩形断面煤巷不同空间区域复合顶板的稳定机制，为矩形断面复合顶板煤巷快速综掘施工参数的合理设计提供依据。

3.1 矩形断面煤巷综掘工艺过程及空间区划

3.1.1 煤巷综掘工艺过程描述

巷道掘进是煤炭地下开采中与煤炭回采工作同等重要的生产环节，其主要通过破岩（煤）、装岩（煤）、运矸（煤）、支护等诸多工序的实施来开掘出满足矿井生产需求的具有一定断面形状、尺寸规格及使用寿命的巷道空间。对于井下巷道来讲，往往依据巷道断面中煤层与岩层所占比例大小将其划分为煤巷、岩巷和半煤岩巷三大类。近年来，随着煤巷围岩控制技术及支护材料的迅速发展，煤巷的使用范围早已从回采巷道拓展到准备巷道和开拓巷道，煤巷在巷道总工程量中的占比也得到大幅提高。目前，煤巷掘进施工的破岩方式主要有掘进机破岩和钻眼爆破破岩这两种方式，二者相比，掘进机掘进方法在提高机械化程度、提升掘进效率及降低工人劳动强度等方面具有绝对优势，因此在各大高产高效矿井得到普遍应用，且以悬臂式掘进机作为核心掘进设备的综掘工艺应用最为广泛。

井下煤巷围岩的自稳能力相对较差，煤巷开掘后裸露距离过大或裸露时间过长易导致裸露顶板冒落，甚至造成事故，因此，在煤巷单巷综掘施工过程中，掘支顺序作业方式最为常见。掘支顺序作业方式的基本工艺流程为：首先利用掘进机的截割部与铲板部完成掘进迎头煤体的截割和装载，同时后配套转载机及可伸缩带式输送机将煤炭外运，待完成一个掘进循环进尺范围内煤体的破、装及运等工序后，掘进设备和运输设备停止工作并退至掘进迎头后方一定距离，然后利用液压钻车（单体锚杆钻机）按支护方案相关要求对巷道实施支护作业，支护作业完成后将进入下一个掘进循环，煤巷掘进循环过程如图 3-1 所示。

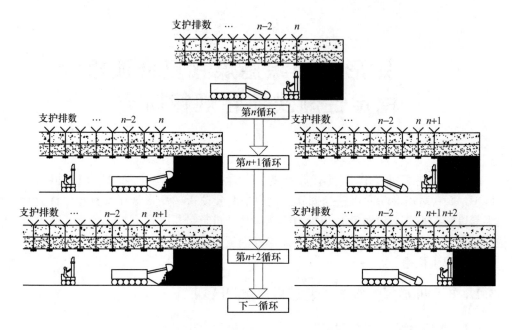

图 3-1 煤巷掘进循环过程示意图

　　由于煤巷的掘进循环步距相比巷道长度很小，所以，开切口至贯通完成必须经过若干个掘进循环才能实现，掘进循环的逐步接替意味着掘进工作面的空间位置将不断前移；同时，巷道的掘进贯通也是多个掘进循环时间的累积过程，一条回采巷道的掘进贯通往往需要花费几个月甚至更长时间。总体上来看，煤巷综掘施工的过程是一个在空间和时间上均处于动态变化的过程。

3.1.2 矩形断面煤巷综掘空间区划

　　煤巷的掘进贯通是多个循环逐步实施的过程，掘进工作面始终处于不断移动状态，即煤巷掘进工作面具有典型的移动特征，而顶板相对工作面的位置也将发生动态变化。但是，煤巷掘进过程中无论处于哪一个掘进循环阶段，均可根据围岩受掘进扰动与否和支护状态将巷道掘进空间划分为四个区域，即原岩区、扰动区、空顶区和支护区，如图 3-2 所示。支护区为掘进迎头后方且已施加过支护的区域；空顶区为掘进迎头至支护区之间尚未施加支护的区域；扰动区为掘进迎头至迎头前方受到掘进扰动影响的区域；而原岩区为扰动区以远不受掘进扰动影响的区域。

　　从划分的煤巷综掘空间来看，除原岩区外其他各区域顶板均受到不同程度的掘进扰动影响。然而，各空间区域顶板因人工支护条件及应力状态不同而呈现不同的稳定状态，主要表现为：扰动区顶板虽受掘进扰动影响但尚未失去其下方煤

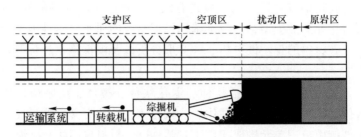

图 3-2 矩形断面煤巷综掘空间区划

体支撑，稳定性较好；丧失下方煤体支撑的支护区顶板需人工支护来维持稳定，其稳定程度取决于应力环境、顶板自身条件及支护方式等诸多因素；无人工支护条件下的空顶区顶板仅仅在其四周边缘受到巷道两帮、迎头前方煤体的支撑影响及支护区顶板的约束，其稳定状况跟顶板自稳能力、破岩方式、空顶距（空顶长度）及空顶时间等密切相关。由此看来，为了能够准确掌握综掘煤巷复合顶板的变形规律及失稳机理，在对其展开理论研究时，根据各区域顶板的受力条件及应力状态分别构建相应的力学模型来分析是必要的，而且更具科学合理性。

3.2　FLAC³ᴰ数值模拟简介

FLAC³ᴰ（Three Dimensional Fast Lagrangian Analysis of Continua）是由美国 Itasca 公司开发的三维显式有限差分软件。该软件是在二维显式有限差分软件 FLAC²ᴰ 的基础上进行扩展延伸，能够进行土质、岩石和其他材料的三维结构受力特性模拟和塑性流动分析，调整三维网格中的多面体单元来拟合实际的结构。单元材料可采用线性或非线性本构模型，在外力作用下，当材料发生屈服流动后，网格能够相应发生变形和移动（大变形模式）。FLAC³ᴰ 采用的显式拉格朗日算法和混合－离散分区技术，能够非常准确地模拟材料的塑性破坏和流动。FLAC³ᴰ 能适用于多种介质材料模式与边界条件的非规则区域的连续问题求解；在求解过程中，采用了离散元的动态松弛法，因而不需要求解大型联立方程组（刚度矩阵）。此外，FLAC³ᴰ 软件还允许输入多种介质材料类型，亦可以在计算过程中改变某个局部区域的实体介质材料参数，从而增强了该软件使用的灵活性。FLAC³ᴰ 广泛应用于土木工程、交通、水利、石油及采矿工程、环境工程等领域[205]。

三维快速拉格朗日法是一种基于三维显式有限差分法的数值分析方法，它可以模拟岩土或其他材料的三维力学行为。三维快速拉格朗日分析将计算区域划分为若干四面体单元，每个单元在给定的边界条件下遵循指定的线性或非线性本构关系，如果单元应力使得材料屈服或产生塑性流动，则单元网格可以随着材料的变形而变形，这就是所谓的拉格朗日算法，这种算法非常适合于模拟大变形问题。三维快速拉格朗日分析采用了显式有限差分格式来求解场的控制微分方程，并应用了混合单元离散模型，可以准确地模拟材料的屈服、塑性流动、软化直至大变形，尤其在材料的弹塑性分析、大变形分析以及模拟施工过程等领域有其独到的优点[206]。

FLAC³ᴰ网格基本单元体包括块体、退化块体、楔体、金字塔、四面体、柱体、径向块体、径向隧道、径向柱体、柱状壳体、柱状交叉、隧道交叉等。其网格中各部分区域由节理单元构成，用于对两种以上材料界面接触间断性特征进行模拟研究。此外，节理单元之间可以进行分离及滑动运动，能够模拟岩体断层、节理、褶皱等地质构造。用户自定义 FISH 函数能够用来修改基元网格，也可通过第三方软件导入网格。使用 Generate 命令可以调出网格生成器，网格生成器对研究区域匹配连接生成网格，即可以自动生成所需三维网格，使得三维空间参数定义更加灵活，显著提高了网格生成效率。在边界区域可设定速度、位移及应力边界条件，同时可设定初始应力条件，包括重力载荷、地下水位线等，这些给定量都具有空间梯度变化。此外还包括地下水流动、孔隙水压力扩散以及可变性多孔固体与孔隙黏性流体耦合。其中，流体遵循达西定律，固体颗粒可变形，两者同时设定孔隙压力及常流条件。此外，流体模型与固体力学也可分开计算模拟。

FLAC³ᴰ自身设计共内含 11 种材料的本构模型：（1）控模型（null model）；（2）弹性模型（isotropic elastic model、orthotropic elastic model、transversely isotropic elastic model）；（3）弹塑性模型（Drucker-Prager model、Mohr-Coulomb model、strain-hardening/softening model、ubiquitous-joint model、bilinear strain-hardening/softening ubiquitous-joint model、double-yield model、modified cam-clay model）。网格中的每个区域可以给以不同的材料模型，并且还允许指定材料参数的统计分布和变化梯度；还包含了节理单元，也称为界面单元，能够模拟两种或多种材料界面不同材料性质的间断特性。节理允许发生滑动或分离，因此可以用来模拟岩体中的断层、节理或摩擦边界。

FLAC³ᴰ拥有功能强大的结构单元模型，结构单元包括：梁（beams）、锚索（cables）、桩（piles）、壳（shells）、衬砌（liners）、土工格栅（geogrids）。

FLAC³ᴰ具有计算模式：（1）静力模式，FLAC³ᴰ默认模式，通过动态松弛方法获得表态解。（2）动力模式，用户可以直接输入加速度、速度或应力波作为系统的边界条件或初始条件，边界可以吸收边界和自由边界，动力计算可以与渗流问题相耦合。（3）蠕变模式，有 5 种蠕变本构模型可供选择，以模拟材料的应力 - 应变 - 时间关系。（4）渗流模式，可以模拟地下水流、孔隙压力耗散以及可变形孔隙介质与其间的黏性液体的耦合。渗流服从各向同性达西定律，液体和孔隙介质均被看作可变形体。考虑非稳定流，将稳定流看作是非稳定流的特例。边界条件可以是孔隙压力或恒定流，以模拟水源或井。渗流计算可以与静力、动力或温度计算耦合，也可以单独计算。（5）温度模式，用于模拟材料热传导和温度应力变化特征，温度模式可以单独计算，也能够和其余四种模式进行耦合计算。

采用命令驱动方式对软件运行进行控制，其计算步骤为：（1）有限差分网格划分；（2）定义材料性质及选取本构模型；（3）设置边界条件与初始条件；（4）改变边界条件、连续建模等工程响应研究，对所求问题得出收敛解。

3.2.1 FLAC³ᴰ计算方法及原理

FLAC³ᴰ的求解方法主要有以下 3 种：（1）离散模型方法——连续介质被离散为若干互相连接的六面体单元，作用力均被集中在节点上。（2）有限差分方法——变量关于空间和时间的一阶导数均用有限差分来近似。它与有限元法有区别：在有限差分法中，基本方程组和边界条件（一般均为微分方程）近似地改用差分方程（代数方程）来表示，即由空间离散点处的场变量（应力、位移）的代数表达式代替。这些变量在单元内是非确定的，从而把求解微分方程的问题改换成求解代数方程的问题。相反，有限元法则需要场变量（应力、位移）在每个单元内部按照某些参数控制的特殊方程产生变化。公式中包括调整这些参数以减小误差项和能量项。有限差分法和有限元法都产生一组待解方程组。尽管这些方程是通过非常不同方式推导出来的，但两者产生的方程是一致的。另外，有限元程序通常要将单元矩阵组合成大型整体刚度矩阵，而有限差分则无需如此，因为它相对高效地在每个计算步重新生成有限差分方程。在有限元法中，常采用隐式、矩阵解算方法，而有限差分法则通常采用"显式"、时间递步法解算代数方程。（3）动态松弛方法——应用质点运动方程求解，通过阻尼使系统运动衰减至平衡状态。

3.2.1.1 混合离散法

在分析大变形问题时，拉格朗日分析方法吸收了离散元和有限元的优点，同时克服了两者存在的缺陷，提出了混合离散法。混合离散分区技术将计算区域离散化，把三维地质模型剖分成许多个子区域，其中所涉及的所有力（应用的和交互的）都集中在三维网格的节点上。每个多面体子区域包含两个由 5 个四面体子区域组成的叠加集，在三维恒应变率单元中，四面体的优点是不会产生沙漏变形，即由节点速度之合产生的变形模式不会生成应变速率，不会生成节点力增量。然而，当在塑性结构中使用时，单元不具备足够的变形模式，例如，一些特殊情况下，它们不能单独变形而不改变某些重要本构定律所要求的体积。在这些情况下，已知的单元表现出与理论预期相比过于僵硬的反应。混合离散化技术对应变率张量的第一不变量进行一定的调整，提高了单元的体积灵活性，克服了均匀应变四面体在塑性流动过程中的过硬行为。在 Marti 和 Cundall 提出的方法中，将区域内较粗的离散化叠加到四面体离散化上，将区域内特定四面体的第一应变率不变量计算为区域内所有四面体的体积平均值。该方法如图3-3所示。利用混合离散方法，既可有效地避免常应变多面体分析时常遇到的位移剪切锁死现象，又可使四面体单元的位移模式适应不可压缩塑性理论的体积改变过程。

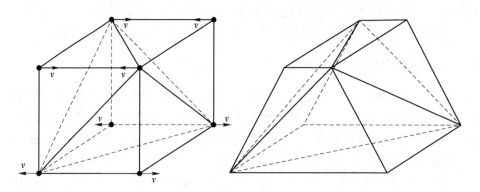

图 3-3　混合离散化最有效的变形模式

3.2.1.2　有限差分法

FLAC[3D]采用显示拉格朗日差分算法研究连续三维介质在达到平衡或稳定塑性流动时的力学行为。不需要反复的迭代，没有矩阵的形成，通过自动惯性缩放和自动阻尼来克服小的时间步长限制和所需阻尼的问题。同时，假设变量在有限空间和时间区间内的线性变化，把变量的一阶空间导数和时间导数分别用有限差分近似。

FLAC[3D]利用有限差分法进行偏微分方程计算时，往往把连续的求解区域划分成有限个离散点组成的网格，并将该区域的连续函数近似为网格上定义的离散变量函数，将原方程和定解条件中的微分近似为差分，导数近似为差商，进而将偏微分方程转换为代数方程，并通过代数方程的求解来获得原方程的近似解[207]（见图3-4）。

为便于分析，现以一元函数 $y = f(x)$ 为例说明有限差分方法的计算过程，根据微分原理可得：

$$\frac{\mathrm{d}y}{\mathrm{d}x} = \lim_{\Delta x \to 0} \frac{\Delta y}{\Delta x} = \lim_{\Delta x \to 0} \frac{f(x + \Delta x) - f(x)}{\Delta x} \tag{3-1}$$

式中，导数 $\frac{\mathrm{d}y}{\mathrm{d}x}$ 又称为微商；Δy 和 Δx 为函数和自变量的差分；$\frac{\Delta y}{\Delta x}$ 为二者的差商。

式（3-1）是利用差商来近似代替微商的过程，这种差商称为一阶向前差商。类似地，还存在一阶向后差商和一阶中心差商两种类型。三类差商的表述形式为：

$$\begin{cases} \dfrac{\Delta y}{\Delta x} = \dfrac{f(x+\Delta x)-f(x)}{\Delta x} \\[2mm] \dfrac{\Delta y}{\Delta x} = \dfrac{f(x)-f(x-\Delta x)}{\Delta x} \\[2mm] \dfrac{\Delta y}{\Delta x} = \dfrac{f(x+\Delta x)-f(x-\Delta x)}{2\Delta x} \end{cases} \qquad (3\text{-}2)$$

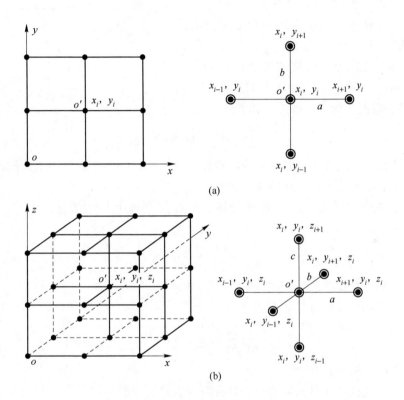

图 3-4　有限差分法的网格划分示意图

（a）二维有限差分网格；（b）三维有限差分网格

　　显然，式（3-2）中均为一元一阶差商近似代替一阶导数公式，其本质为泰勒级数的展开，同时忽略了高阶量的结果。对于二阶导数或二元导数，也可利用相应的差商来近似代替：

$$\begin{cases} \dfrac{\Delta^2 y}{\Delta x^2} = \dfrac{f(x+\Delta x)-2f(x)+f(x-\Delta x)}{(\Delta x)^2} \\[2mm] \dfrac{\Delta f}{\Delta x} = \dfrac{f(x+\Delta x,y)-f(x-\Delta x,y)}{2\Delta x} \\[2mm] \dfrac{\Delta f}{\Delta y} = \dfrac{f(x,y+\Delta y)-f(x,y-\Delta y)}{2\Delta y} \end{cases} \qquad (3\text{-}3)$$

根据图 3-4 所示有限差分法的网格划分示意图，可知图 3-4(a) 对应的是二元一阶有限差分，图 3-4(b) 对应的是三元一阶有限差分，其中 (x_i, y_i) 和 (x_i, y_i, z_i) 为求导点处差分时的节点编号，a、b 和 c 则对应着节点步长。

A　空间导数的有限差分逼近

快速拉格朗日分析最终将介质离散成恒定应变率的四面体单元（见图 3-5），离散化的四面体单元顶点为网格的顶点，分别定义为点 1 ～点 4，各顶点对应的面同样定义为面 1 ～面 4。根据高斯离散理论，其表达式为：

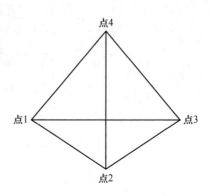

图 3-5　四面体单元的节点和面

$$\int_v v_{i,j} dV = \int_S v_i n_j dS \tag{3-4}$$

式中，S 和 V 分别为四面体单元的外表面积和体积；n_j 为外表面的单位法向向量分量；v_i 为四面体内任一点的速率分量。

对于常应变单元，v_i 为线性分布，n_j 在每个面上均为常量。由式（3-4）可得：

$$v_{i,j} = -\frac{1}{3V} \sum_{l=1}^{4} v_i^l n_j^{(l)} S^{(l)} \tag{3-5}$$

式中，上标 l 为节点 l 的变量；(l) 为面的变量。

应变速率张量的分量 ζ_{ij} 可以表示为：

$$\zeta_{ij} = -\frac{1}{6V} \sum_{l=1}^{4} \left(v_i^l n_j^{(l)} + v_j^l n_i^{(l)} \right) S^{(l)}$$

B　节点运动方程

三维快速拉格朗日法以节点为计算对象，将力和质量均集中在节点上，然后通过运动方程在时域内进行求解。

节点运动方程的表示形式如下：

$$\frac{\partial v_i^l}{\partial t} = \frac{F_i^l(t)}{m^l} \tag{3-6}$$

式中，$F_i^l(t)$ 为在 t 时刻 l 节点在 l 方向的不平衡力分量，可由虚功原理导出；m^l 为 l 节点的集中质量，在分析动态问题时采用实际的集中质量，而在分析静态问题时则采用虚拟质量以保证数值稳定。将式（3-6）左端用中心差分来近似，则有：

$$v_i^l \left(t + \frac{\Delta t}{2} \right) = v_i^l \left(t - \frac{\Delta t}{2} \right) + \frac{F_i^l(t)}{m^l} \Delta t \tag{3-7}$$

C　应变、应力及节点不平衡力

三维快速拉格朗日法由速度来求某一时步的单元应变增量，如下式：

$$\Delta \varepsilon_{ij} = \frac{1}{2}(v_{i,j} + v_{j,i})\Delta t \tag{3-8}$$

进而由本构方程求出应力增量：

$$\Delta \sigma_{ij} = H_{ij}(\sigma_{ij}, \Delta \varepsilon_{ij}) + \Delta \sigma_{ij}^c \tag{3-9}$$

式中，H 为已知的本构方程；$\Delta \sigma_{ij}^c$ 为大变形情况下对应力所作的旋转修正，并有：

$$\begin{cases} \Delta \sigma_{ij}^c = (w_{ik}\sigma_{kj} - \sigma_{ik}w_{kj})\Delta t \\ w_{ij} = \frac{1}{2}(v_{i,j} - v_{j,i}) \end{cases} \tag{3-10}$$

各时步的应力增量叠加即可得到总应力，然后由虚功原理求出下一步的节点不平衡力。

D　时间导数的显式有限差分逼近

结合本构方程和变形速率与节点速度的关系方程，将牛顿第二定律表示为常微分方程组的形式：

$$\frac{\mathrm{d}v_i^{<l>}}{\mathrm{d}t} = \frac{1}{M^{<l>}}F_i^{<l>}(t, \{v_i^{<1>}, v_i^{<2>}, v_i^{<3>}, \cdots, v_i^{<p>}\}^{<l>}, K) \quad l = 1, n_n \tag{3-11}$$

式中，$\{\ \}^{<l>}$ 表示 FLAC^{3D}中计算全局节点时所涉及的节点速度值子集。假设材料节点的速度变化线性时间间隔为 Δt，将速度看作是存储在位移和力的半时间长内，利用递归关系计算节点速度和节点位置，并对其进行有限差分近似，得到节点位移和速度的关系：

$$u_i^{<l>}(t + \Delta t) = u_i^{<l>}(t) + \Delta t v_i^{<l>}\left(t + \frac{\Delta t}{2}\right) \tag{3-12}$$

式中，u 为节点的位移；v 为节点的速度。

E　增量形式的本构方程

在 FLAC^{3D}中，假定速度保持不变的时间间隔为 Δt，本构方程的增量式形式如下：

$$\Delta \hat{\sigma}_{ij} = H_{ij}^*(\sigma_{ij}, \zeta_{ij}\Delta t) \tag{3-13}$$

式中，$\Delta \hat{\sigma}_{ij}$ 为共转应力增量；H_{ij}^* 为给定的函数；σ_{ij} 为应力增量；ζ_{ij} 为应变速率张量。

F　阻尼力

对于静态问题，需在节点运动方程的不平衡力中加入非黏性阻尼项，以使系统的振动逐渐衰减直至达到平衡状态。此时运动方程表达为：

$$\frac{\partial v_i^l}{\partial t} = \frac{F_i^l(t) + f_i^l(t)}{m^l} \tag{3-14}$$

式中，$f_i^l(t)$ 为阻尼力。

FLAC^{3D}提供了局部非黏性阻尼和组合阻尼两种算法。局部非黏性阻尼力为：

$$f_i^l(t) = -a \, | F_i^l(t) | \, \mathrm{sign}(v_i^l) \tag{3-15}$$

式中，a 为阻尼系数，默认值为 0.8。

$$\text{sign}(y) = \begin{cases} +1 & (y > 0) \\ -1 & (y > 0) \\ 0 & (y = 0) \end{cases} \tag{3-16}$$

3.2.1.3　动态松弛法

动态松弛法是一种采用动力学方法近似求解静力学问题的方法，将运动方程中的惯性项作为达到系统平衡状态的数值手段，不能产生真正的平衡态，只能近似地满足方程，主要用于初始化时计算介质材料的预应力和预变形情况。

3.2.1.4　FLAC^{3D}计算原理

FLAC^{3D}的计算原理为：将整个计算区域剖分成若干个单元，单元的节点施加荷载之后，以有限差分的形式表示节点的运动方程，通过 t 时刻的应力状态和 Δt 时间步长的总应变增量，得到 $t + \Delta t$ 时刻的应力状态。根据高斯定律，通过节点的速度求出单元的应变，利用相对应的应力－应变关系计算单元应力，积分后得到节点上的应力矢量，最后通过平衡方程求解节点的速度和位移，迭代循环，直到全部计算区域达到计算收敛，能较准确地模拟材料的塑性破坏和流动。FLAC^{3D}的计算原理见图 3-6。

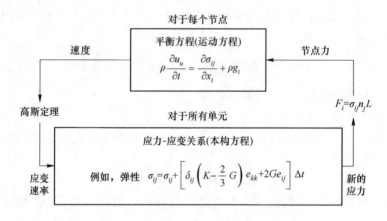

图 3-6　FLAC^{3D}计算原理图

3.2.2　Mohr-Coulomb 本构模型

煤系岩体是塑性较强的弹塑性地质材料，可用近似理想的弹塑性模型，本次模拟采用 Mohr-Coulomb 模型，其是张拉剪切组合的复合破坏准则，反映了抗压强度大于抗拉强度和剪胀极限随平均应力增加而提高的岩石类工程材料特征，并且具有简单实用、c 和 φ 值易于测定等优点而在岩土力学得到广泛应用。这种模型的破坏包络线对应于 Mohr-Coulomb 屈服准则（剪切屈服函数）和拉断屈服准则（拉应力屈服函数）[208]，如图3-7所示。

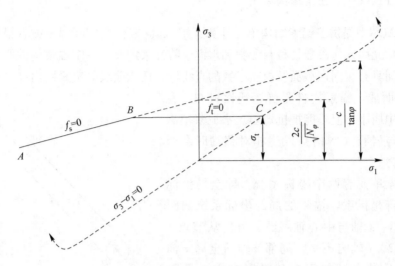

图 3-7　Mohr-Coulomb 模型

由 Mohr-Coulomb 屈服准则 $f_s = 0$ 定义从 A 点到 B 点破坏包络线，即：

$$f_s = \sigma_1 - \sigma_3 N_\varphi + 2c\sqrt{N_\varphi} \qquad (3\text{-}17)$$

$$N_\varphi = \frac{1 + \sin\varphi}{1 - \sin\varphi} \qquad (3\text{-}18)$$

由拉应力破坏准则 $f_t = 0$ 定义从 B 点到 C 点的包络线：

$$f_t = \sigma_3 - \sigma_t \qquad (3\text{-}19)$$

式中，c、φ、σ_t 分别为材料的黏聚力、内摩擦角和抗拉强度。

$$(\sigma_t)_{max} = \frac{c}{\tan\varphi} \qquad (3\text{-}20)$$

剪切势函数 g_s 对应于非关联流动准则：

$$g_s = \sigma_1 - \sigma_3 N_\psi \qquad (3\text{-}21)$$

$$N_\psi = \frac{1 + \sin\psi}{1 - \sin\psi} \qquad (3\text{-}22)$$

式中，ψ 为剪胀角。

拉伸势函数 g_t 对应于关联流动准则：

$$g_t = -\sigma_3 \qquad (3\text{-}23)$$

定义函数 $h = 0$ 表示 (σ_1, σ_3) 平面上 $f_s = 0$ 和 $f_t = 0$ 所代表的对角线。函数形式为：

$$h = \sigma_3 - \sigma_t + (\sqrt{1 + N_\varphi^2} + N_\varphi)(\sigma_1 - \sigma_t N_\varphi + 2c\sqrt{N_\varphi}) \qquad (3\text{-}24)$$

3.2.3　FLAC³ᴰ中锚索结构单元

FLAC³ᴰ中提供了锚索结构单元计算，用 cable 来模拟实际锚索或者锚杆。锚索结构单元由几何参数、材料参数和水泥浆特性来定义。一个锚索构件假设为两节点之间具有相同横截面及材料参数的直线段，任意曲线的锚索则由许多锚索构件组合而成。锚索构件是弹、塑性材料，在拉、压中屈服，但不能抵抗弯矩。水泥浆填满的锚索与岩石（网格）发生相对移动时会产生抵抗力。

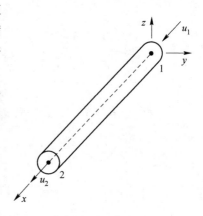

图 3-8　锚索构件的
坐标系统及两个自由度

锚索单元有两个坐标系统，即全局坐标系和局部坐标系。锚索的局部坐标系统如图 3-8 所示，x 轴与中心轴一致，方向从节点 1 到节点 2，y 轴与不平行局部 x 轴的全局 y 轴或全局 x 轴在横截面上的投影对齐（见图 3-8）。锚索单元有两个自由度，对每个轴向位移相应有轴向力，锚索有限单元的刚度矩阵在每个节点对锚索的轴向响应仅包含一个自由度[209]。

锚索轴向刚度 K 与加固横截面面积 A、弹性模量 E 及构件长度 L 的关系如下：

$$K = \frac{AE}{L}$$

可以指定锚索的拉伸屈服强度 F_t 和压缩屈服强度 F_c，因此，锚索力就不能超过这两个极限，如图 3-9 所示。如果没有指定 F_t 或 F_c，则说明相应方向无强度极限。

锚索与岩石的接触面具有黏结性和自然摩擦，理想情况下，在节点轴向上采用弹簧 - 滑块来描述系统，如图 3-10 所示。

锚索与水泥浆的接触面和水泥浆与岩石的接触面发生相对位移时，对水泥浆加固环的剪切描述如下：水泥浆剪切刚度 K_g、水泥浆黏结强度 c_g、水泥浆摩擦角 φ_g、水泥浆外圈周长 P_g、有效周边应力 σ_m，如图 3-11 所示。

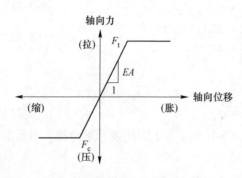

图 3-9　锚索构件材料性能

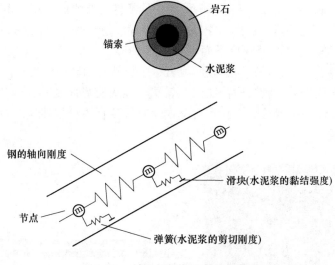

图 3-10　全长水泥浆锚索受力模型

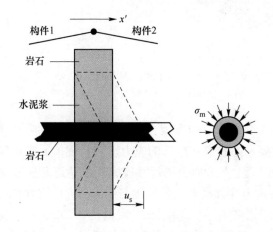

图 3-11　锚索与岩石相对位移及周边应力

3.3　矩形断面综掘煤巷复合顶板稳定性渐次演化规律

　　FLAC³ᴰ能够快捷方便地数值仿真煤巷掘进施工过程及掘进期间围岩的各种力学响应。因此，采用 FLAC³ᴰ5.0 软件对矩形断面复合顶板煤巷综掘施工过程进行模拟，通过对复合顶板的力学响应特征进行分析，探究矩形断面煤巷综掘过程中复合顶板的动态变形规律及失稳机理。

3.3.1　矩形断面综掘煤巷数值计算模型

　　基于赵庄矿五盘区回采巷道的空间布置及开挖尺寸、巷道围岩的赋存特征及其物理力学性质，建立如图 3-12 所示的综掘煤巷三维数值模型。由于平均倾角为 6°的煤层对煤巷掘进引起的力学响应影响甚微，所以将煤岩层视为水平层状分布来建模，且模型内含岩性自下而上依次为粉砂岩、泥岩、细粒砂岩、砂质泥岩、泥岩、煤、泥岩、粉砂岩、砂质泥岩、中粒砂岩和砂质泥岩；同时，为了客观地反映复合顶板的层状结构特征，在煤层与顶板交界面及其顶部 3.5m 厚的泥岩中均设置 interface 单元，接触面的设置使直接顶板由分层厚度为 0.5m 的薄层岩层复合而成。

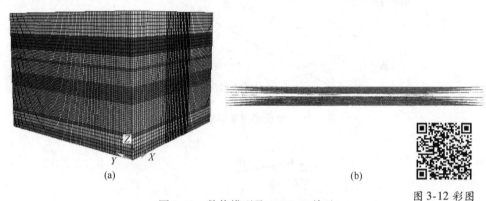

图 3-12 彩图

图 3-12　数值模型及 interface 单元

（a）三维模型；（b）模型中的 interface 单元

X、Y、Z 方向分别代表巷道宽度方向、巷道轴向方向及巷道高度方向。X 和 Z 方向上的尺寸主要考虑巷道开挖后的应力影响范围，通常情况下应力影响范围不超过 5 倍的巷道宽度；Y 方向上的尺寸应大于该巷道开挖面空间效应的最小影响范围（掘进迎头前方受扰动影响的范围与迎头后方围岩弹塑性变形得以充分释放所需的最小距离之和）。因此，结合巷道的开挖尺寸（宽 × 高 = 5.0m × 4.5m），该模型在 X、Y 和 Z 方向上的取值分别为 50m、54m 和 40m。此外，为了保证计算精度及提高运算速度，将巷道开挖区域及其周边一定范围内的网格加密，尺寸为 $X \times Y \times Z = 0.5m \times 0.6m \times 0.5m$，其他区域的网格大小适当加大，最终模型共划分为 362340 个单元和 426790 个节点。模型顶部采用垂直应力约束，施加 10MPa 的垂直应力来等效 400m 的巷道埋深，X 和 Y 方向施加的水平应力分别为垂直应力的 1.2 倍和 0.8 倍。模型底部及四周采用位移约束。计算模型中所采用的煤岩体力学参数是在其标准试件物理力学参数（第 2 章）的基础上适当折减而来，模型计算选用的本构关系为摩尔 - 库仑屈服准则。

3.3.2　矩形断面综掘煤巷顶板应力渐次演化规律

煤巷开挖导致一定范围内顶板岩层的围压逐渐由三向应力转为二向应力状

态，进而使该范围内顶板岩层强度显著降低而无法承担原岩应力，超过自身承载能力的应力一方面通过塑性变形来释放，另一方面则需要周围岩层帮其承载，即顶板应力必然发生调整并力求达到新的平衡状态。然而，由于综掘煤巷不同掘进空间顶板的围压条件存在较大差异，所以顶板应力状态在巷道轴向上也是不同的，且随着掘进工作面的不断推进而动态变化。同时，顶板应力状态的好坏将直接关乎其稳定状态。因此，准确掌握综掘煤巷不同空间区域顶板的变形破坏特征及其随掘进不断推进而呈现的渐次演化规律，进而揭示综掘煤巷复合顶板变形失稳机理，将为煤巷综掘期间空顶距的合理确定、支护方式的选择、支护参数的优化及劳动组织的制定提供重要依据，从而实现复合顶板煤巷的安全、快速掘进。

3.3.2.1　矩形断面综掘煤巷顶板垂直应力渐次演化规律

图 3-13 为矩形断面综掘煤巷顶板垂直应力沿煤巷轴向上的分布云图。

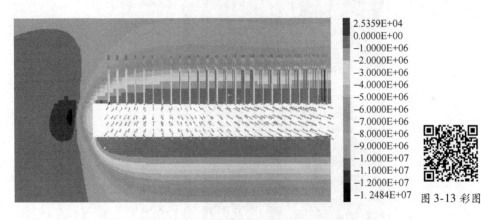

| 2.5359E+04 |
| 0.0000E+00 |
| −1.0000E+06 |
| −2.0000E+06 |
| −3.0000E+06 |
| −4.0000E+06 |
| −5.0000E+06 |
| −6.0000E+06 |
| −7.0000E+06 |
| −8.0000E+06 |
| −9.0000E+06 |
| −1.0000E+07 |
| −1.1000E+07 |
| −1.2000E+07 |
| −1.2484E+07 |

图 3-13 彩图

图 3-13　矩形断面煤巷轴向顶板垂直应力分布云图（单位：Pa）

由图 3-13 可知，受开挖扰动影响顶板垂直应力的重新分布不仅发生在已掘空间（空顶区和支护区），而且扩展至掘进工作面前方 20m 以外（扰动区），且顶板的应力梯度也不相同，梯度最大区域位于掘进迎头附近，即在掘进工作面附近产生明显的端头效应。顶板垂直应力在巷道轴向上具有的基本分布规律为：扰动区范围内顶板垂直应力先由原岩应力逐渐增大，并于迎头前方 3.0m 处出现应力峰值，其值为 11.29MPa，应力集中系数为 1.13，然后往掘进工作面方向逐渐降低，且迎头处应力为 4.88MPa，仅为原岩应力的 48.8%；空顶区顶板应力急剧降低，由迎头处的 4.88MPa 降至支护区边缘处的 0.07MPa，降幅高达 98.6%；由空顶区过渡形成的支护区顶板应力几乎降至 0。总体来看，综掘煤巷不同空间区域顶板垂直应力分布差异明显，不同掘进空间断面上顶板垂直应力的分布云图及其分布分别如图 3-14 和图 3-15 所示。

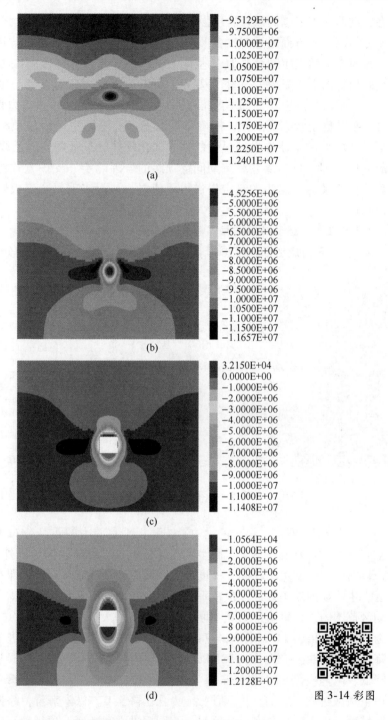

图 3-14　不同断面垂直应力分布云图（单位：Pa）

（a）扰动区（应力升高）；（b）扰动区（应力降低）；（c）空顶区；（d）支护区

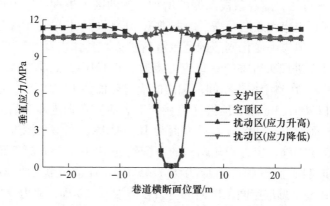

图 3-15 彩图

图 3-15　综掘煤巷不同断面顶板垂直应力演化

由图 3-14 和图 3-15 可知，不同掘进空间顶板应力分布差异性显著的根本原因在于各空间区域顶板的围压条件不同。对扰动区顶板来说，掘进工作面煤体的开挖使其一定范围顶板的围压发生改变，应力调整后迎头前方最终形成应力降低和应力增高两个区域，又因扰动区顶板未失去煤体支撑，所以整个空间区域顶板应力相对较高；对空顶区顶板来说，由于完全失去下方煤体的支撑作用，所以该区域顶板应力下降明显；支护区顶板虽然利用锚索进行支护而使其应力状态得到改善，但是顶板内形成的支护应力场完全无法与原岩应力场相抗衡，最终该区域顶板应力仍然较低。

在上述矩形断面综掘煤巷各空间区域顶板表面垂直应力分布规律的基础上，进一步探究不同深度顶板垂直应力的分布规律，以便对不同深度范围顶板的承载状态及承载能力进行判别，矩形断面综掘煤巷不同深度顶板垂直应力在轴向上的分布如图 3-16 所示。

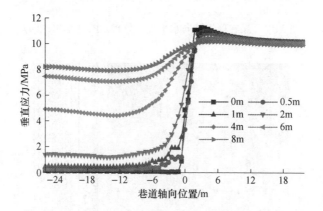

图 3-16 彩图

图 3-16　煤巷不同深度顶板垂直应力沿轴向演化特征

由图 3-16 可知，随着顶板深度的增加，扰动区顶板垂直应力逐渐降低而空顶区和支护区顶板应力逐渐升高，即掘进工作面附近顶板的应力差值随顶板深度的增加而减小，但应力变化剧烈的范围有所扩大。具体来看，0m 深处顶板（顶板下表面）在掘进迎头后方的垂直应力接近于 0.1MPa，而前方扰动区应力最大值为 11.29MPa，在整个掘进空间范围内的应力差值为 11.19MPa，应力变化剧烈的范围约为 14.4m；4m 深处顶板（直接顶上表面）在掘进迎头后方的垂直应力为 4.91MPa，而前方扰动区应力最大值为 10.49MPa，在整个掘进空间范围内的应力差值为 5.58MPa，应力变化剧烈的范围约为 18.6m；6m 深处顶板（锚索锚固区）在掘进迎头后方的垂直应力为 7.45MPa，而前方扰动区应力最大值为 10.31MPa，在整个掘进空间范围内的应力差值为 2.86MPa，应力变化剧烈的范围约为 22.2m。由此可以看出，作为主要承载体的低位顶板岩层，其承载能力较弱，为了提高煤巷顶板的整体承载能力，可以利用锚索并锚入至深部应力状态较好的岩层中，从而使浅部和深部岩层共同承载。

3.3.2.2 水平应力渐次演化规律

图 3-17 和图 3-18 分别为矩形断面综掘煤巷顶板水平应力在轴向和不同断面上的分布云图。

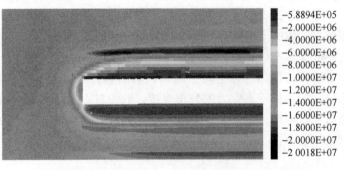

图 3-17 彩图

图 3-17 煤巷顶板轴向水平应力分布云图（单位：Pa）

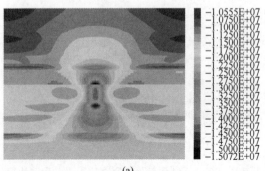

(a)

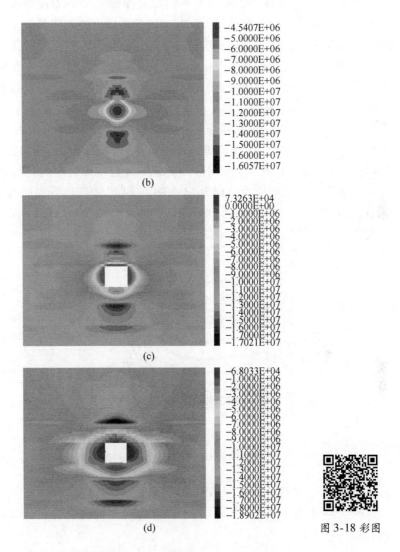

图 3-18 彩图

图 3-18　不同断面水平应力分布云图（单位：Pa）
(a) 扰动区（应力升高）；(b) 扰动区（应力降低）；(c) 空顶区；(d) 支护区

　　由图 3-17 和图 3-18 可知，矩形断面综掘煤巷顶板水平应力与垂直应力在轴向上的分布规律较为相似：在掘进迎头前方约 9.0m 处应力开始逐渐增大，直至迎头前方 3.0m 处出现应力峰值，其值大小为 15.89MPa，应力集中系数为 1.32，随后便逐渐降低至迎头处的 5.92MPa；空顶区顶板应力由迎头处的 5.92MPa 降至支护区边缘处的 0.84MPa，降幅达到 58.8%；支护区顶板应力比较稳定且大小约为 1.0MPa。

　　图 3-19 为矩形断面综掘煤巷不同深度顶板水平应力在轴向上的分布。由图可知，随着顶板岩层位置的增加，扰动区顶板应力逐渐降低而空顶区和支护区顶板应力逐渐升高，但当岩层深度超过 4.5m 后空顶区和支护区顶板应力随深度增加而降低；当岩层深度由 0.5m 增加至 3.5m 时，应力峰值逐渐减小并逐渐由迎头前方向后方移动。具体来看，0m 深处顶板在掘进迎头后方的水平应力接近于 1MPa，前方应力峰值位于迎头前方 3.0m 处，其应力最大值为 15.89MPa，应力集中系数为 1.32；3.5m 深处顶板在掘进迎头后方的水平应力为 11.66MPa，应力峰值位于迎头后方 3.0m 处，其应力最大值为 14.31MPa，应力集中系数为 1.19；7m 深处顶板在整个掘进空间内应力变化不大且与原岩应力比较接近，即掘进迎头后方和前方的水平应力分别为 13.56MPa 和 12.19MPa。由此可见，顶板岩层的承载能力自下而上逐渐增强，当采用适当长度的锚索对顶板予以支护时，可实现下位岩层与上位岩层协同承载的目的。

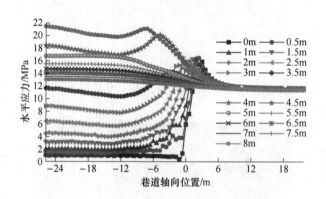

图 3-19 彩图

图 3-19　不同深度顶板水平应力演化特征

3.3.2.3　偏应力渐次演化规律

　　图 3-20 和图 3-21 分别为矩形断面综掘煤巷轴向顶板和掘进空间不同断面偏应力分布云图。

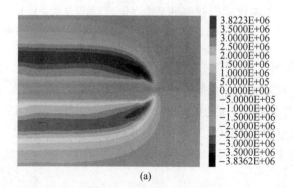

(a)

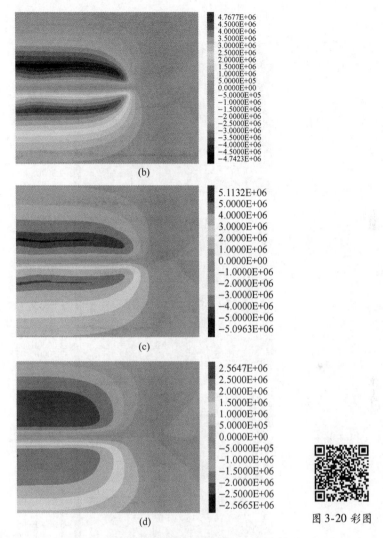

图 3-20 彩图

图 3-20　煤巷不同深度顶板轴向偏应力分布云图（单位：Pa）

(a) 0m；(b) 2m；(c) 3.5m；(d) 6m

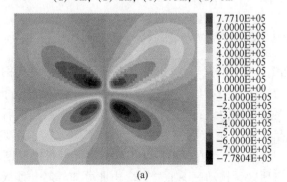

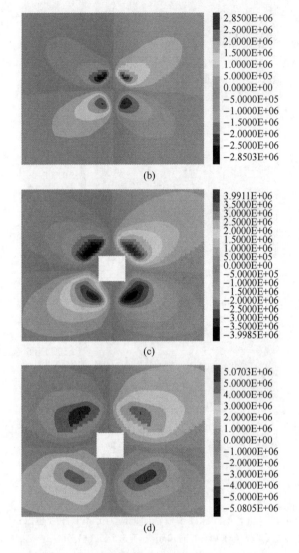

图 3-21 彩图

图 3-21   不同断面偏应力分布云图（单位：Pa）
(a) 扰动区（应力升高）；(b) 扰动区（应力降低）；(c) 空顶区；(d) 支护区

　　由图 3-20 和图 3-21 可知，受工程地质条件及煤巷断面规格形状影响，顶板偏应力分布以巷道腰线和中心线为轴呈对称形式，且其应力方向相反；巷道顶、底角形成了 4 个高水平应力区；综合断面图和顶板轴向平面图看，煤巷周围偏应力分布形态近似呈半个"蚕茧"状。同时，随着顶板岩层深度的增加，偏应力值逐渐增大，达到 3.5m 后其值逐渐降低；巷道不同掘进空间断面中高偏应力大小满足支护区＞空顶区＞扰动区＞原岩区。由此可知，复合顶板在煤巷肩角处发生剪切破碎甚至整体切落，以及顶板中安装的锚索等支护构件产生剪切破断均与高偏应力作用密切相关。因此，煤巷复合顶板支护时应注重对顶板岩层抗剪切能力的提升。

3.3.3 矩形断面综掘煤巷顶板变形动态演化规律

顶板弯曲变形跟其自身应力状态密切相关，矩形断面综掘煤巷复合顶板轴向垂直位移及不同深度顶板垂直位移分布如图 3-22 和图 3-23 所示。

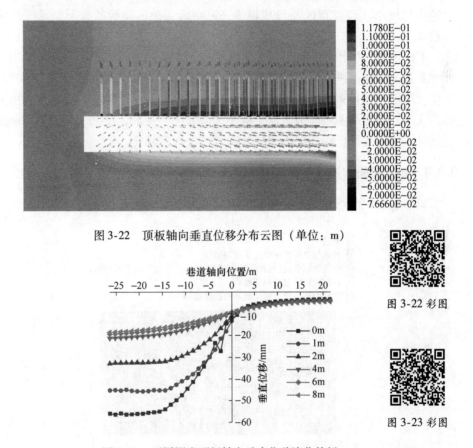

图 3-22 顶板轴向垂直位移分布云图（单位：m）

图 3-22 彩图

图 3-23 彩图

图 3-23 不同深度顶板轴向垂直位移演化特征

由图 3-22 和图 3-23 可知，煤巷开挖扰动导致顶板的承载能力和抗变形能力降低，又因各掘进空间所受扰动程度不同，从而使各掘进空间顶板产生不同程度的弯曲变形。顶板沿巷道轴向挠曲下沉的基本规律为：

（1）自扰动区与原岩区交界处开始顶板的垂直位移逐渐增大，迎头处达到 12.8mm，占最终下沉量的 23%。

（2）空顶区顶板下沉量由迎头处的 12.8mm 增至支护区边缘处的 27mm，增幅达 110.94%，空顶期间的下沉量占最终下沉量的 25.53%。

（3）支护区根据顶板下沉速率不同可分为两个阶段，第一阶段为空顶区与支护区交界处至迎头后方 16.8m 处，位移量由 27mm 增大至 55.04mm，下沉速率为 1.95mm/m；迎头后方 16.8m 以后顶板变形较缓，最终下沉量为 55.63mm。

总体上看，矩形断面综掘煤巷顶板变形具有显著的空间效应，最终下沉量是顶板在扰动、空顶及支护三个阶段内产生下沉量的累积，且不同空间区域顶板的变形量及速率差别较大，其中，扰动区及离迎头较远处的支护区顶板的变形速率均较小，而空顶区及与其相邻一定距离支护区顶板的变形量及变形速率均较大。

下位顶板岩层作为上位岩层的承载结构，当载荷增大或自身强度降低时，顶板弯曲下沉加剧，进而引起上位岩层的渐次下沉。因上位岩层的物理力学性质及下位岩层给其预留的变形空间不同，导致上位岩层的下沉呈不均匀性。由此可知，浅部岩层的高承载能力有助于减小深部岩层的变形，反之，深部高承载能力岩层可以协同浅部低承载能力岩层共同维护顶板的稳定。

3.3.4　矩形断面综掘煤巷顶板塑性区渐次演化规律

矩形断面煤巷综掘空间顶板塑性演化如图 3-24 所示。

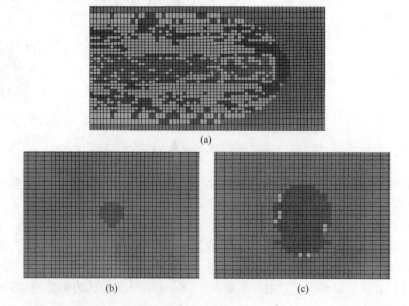

(a)

(b)　　　　　　　　(c)

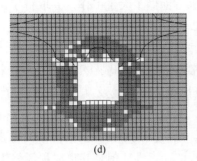
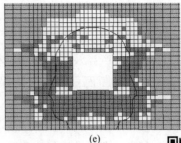

（d）　　　　　　　　　　　　（e）

图 3-24　煤巷综掘空间顶板塑性演化

（a）顶板表面；（b）迎头前方 2.6m 处；（c）迎头前方 1.1m 处；

（d）空顶区轴向中心处；（e）迎头后方 15m 处

图 3-24 彩图

由图 3-24 可知，导致矩形断面综掘煤巷复合顶板产生塑性变形的主要作用包括拉伸、剪切及其二者的复合作用。由于不同空间区域顶板的承载状态不同，所以各空间区域顶板的变形程度差别明显：扰动区顶板受掘进影响仅在靠近迎头处 3.0m 范围内发生轻微变形，且离迎头距离越近变形越明显；空顶区顶板塑性变形较明显，最大发育高度为 3.0m，最大宽度扩展至巷帮侧 3.0m 深处；支护区顶板塑性变形更显著，最大发育高度为 5.0m，最大宽度扩展至巷帮侧 7.5m 深处。由此可见，掘进空间中扰动区、空顶区及支护区顶板的塑性变形渐次增大，究其原因是跟其应力状态有关：扰动区顶板受迎头前方损伤煤体支撑应力状态保持较好，所以塑性变形范围较小；空顶区顶板悬空后应力显著降低，加之帮部煤体的低强度使其对顶板的支撑能力减弱，从而导致顶板出现较大的塑性变形；丧失迎头煤体支撑的支护区顶板虽然锚索为其提供了支护作用，但是历经扰动及空顶后所产生的变形是不可逆的，加之水和空气的侵蚀弱化、支护效能的降低等原因使顶板的强度持续降低，从而导致顶板应力状态进一步恶化，最终产生更大范围的塑性变形。

3.4 矩形断面综掘煤巷复合顶板稳定性影响因素分析

3.4.1 综掘煤巷复合顶板稳定性影响因素分类

随着巷道掘进施工的不断推进而逐步裸露出来的顶板岩层，受开挖卸荷影响其稳定性大幅降低，若掘进施工参数选择不当或者控制措施不合理，较容易引起空顶区或者支护区顶板的大变形，甚至发生冒顶，煤系地层中分布最广泛且具有特殊结构的复合顶板则表现得尤为突出，频发的巷道顶板事故给煤矿职工及企业的生命财产带来了无法挽回的损失。多年来，广大相关科技工作者及现场工程技术人员在顶板变形破坏机理及其支护技术方面做了大量工作，并取得了诸多卓有成效的理论与应用成果。

近些年，随着高产、高效现代化矿井的大批涌现，机械化、智能化水平的日益提升为煤矿实现高产高效生产提供了根本动力和保障，然而，随之带来的还有煤巷的高消耗量和大断面积，从而使煤巷掘进工程量及其顶板控制难度大幅增加，进而容易导致采掘失衡及顶板事故。然而，大量的复合顶板煤巷综掘（掘支单行、一次成巷的作业方式）实践表明，当采掘关系比较缓和时，虽能通过缩小空顶距、加大支护强度等措施来增强顶板的稳定性，但是巷道冒顶风险得以降低的同时也降低了巷道的掘进速度（支护时间会相应延长）；反之，当采掘关系比较紧张时，盲目追求巷道的掘进速度可能会增加巷道的冒顶风险。因此，如何实现在提升复合顶板煤巷掘进速度的同时增强顶板垮冒的防控能力已成为各大生产矿井所面临的重大难题。

综合前人的研究成果并对现场实测资料进行分析可知，影响综掘煤巷复合顶板稳定性的因素十分繁多。既有与人为无关的巷道埋深、应力水平及顶板岩层结构等，不妨将其归为围岩条件因素；又有跟掘进施工相关的巷道掘进高度与宽度、掘进速度、掘进循环步距、滞后支护距离及支护强度等，根据其与掘进工序的相关性可分为掘进（破煤）参数因素和巷道支护因素。据此分类方法，综掘煤巷复合顶板稳定性影响因素分类及其隶属关系见表 3-1。

表 3-1   综掘煤巷复合顶板稳定性影响因素分类

类　别	影　响　因　素
围岩条件	巷道埋深、水平应力、分层厚度
掘进参数	掘进宽度、掘进高度、掘进速度、掘进循环步距
巷道支护	滞后支护距离、支护强度

3.4.2　围岩条件对矩形断面综掘煤巷顶板稳定性的影响规律

3.4.2.1　埋深变化对综掘煤巷顶板稳定性的影响

为了探讨埋深对矩形断面综掘煤巷顶板稳定性的影响，依次将埋深设定为 300m、400m、500m、600m、700m 和 800m，其他参数保持不变。

A　埋深变化对复合顶板垂直应力的影响

不同埋深条件下矩形断面综掘煤巷中心处顶板的垂直应力分布云图如图 3-25 所示，顶板垂直应力与巷道埋深的关系如图 3-26 所示。

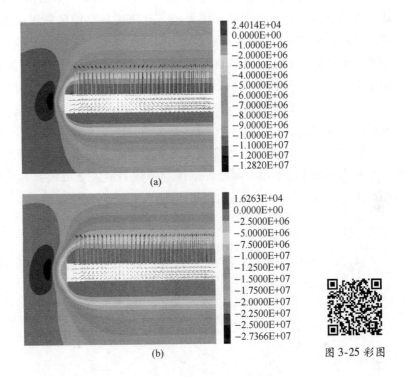

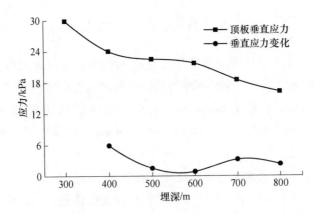

图 3-25 彩图

图 3-25 埋深不同时顶板垂直应力分布云图（单位：Pa）

（a）埋深 400m；（b）埋深 800m

图 3-26 顶板表面垂直应力与埋深的关系

由图 3-25 和图 3-26 可知，随着矩形断面综掘煤巷埋深的逐渐增大，掘进迎头前方高应力分布范围及大小发生较大变化，当埋深由 300m 增大至 800m 时，应力峰值位置由迎头前方2.5m扩展至3.8m，应力集中系数由1.24增大至1.37。随上方载荷的增大顶板变形卸压加剧，空顶区及支护区顶板的垂直应力逐渐减小，且降幅呈现"S"形显现特征，即不同埋深变化区间内的埋深对顶板垂直应力减小的效果存在较大差异，以100m为埋深变化区间单元依次将埋深从300m增大至800m时，各埋深变化区间内顶板垂直应力随埋深的变化率依次为 -58.8Pa/m、-14.9Pa/m、-8.2Pa/m、-31.8Pa/m 和 -22.6Pa/m，降幅呈现出"大—小—大—小"规律。

B　埋深变化对复合顶板下沉挠度的影响

不同埋深条件下矩形断面综掘煤巷顶板的最大下沉值及其变化量如图3-27所示。

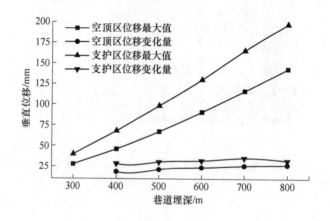

图3-27　顶板下沉量随埋深的变化关系

由图3-27可知，巷道埋深的变化对空顶区和支护区顶板的弯曲下沉都产生显著影响：随着综掘煤巷埋深的不断增加，空顶区和支护区顶板的下沉量逐渐增大。当埋深由300m增加至800m时，空顶区和支护区顶板的下沉量分别由27.6mm和39.69mm增大至142.24mm和197.66mm，分别增大了4.15倍和3.98倍。

3.4.2.2　侧压系数变化对顶板稳定性的影响

为了讨论侧压系数对矩形断面综掘煤巷复合顶板稳定性的影响，其他参数保持不变，依次将侧压系数设定为0.8、1.0、1.2、1.4、1.6和1.8。

A　侧压系数变化对复合顶板垂直应力的影响

矩形断面综掘煤巷顶板垂直应力与侧压系数的关系及其分布如图3-28和图3-29所示。

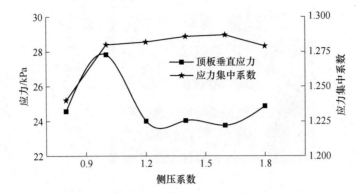

图 3-28　顶板垂直应力及应力集中系数与侧压系数的关系

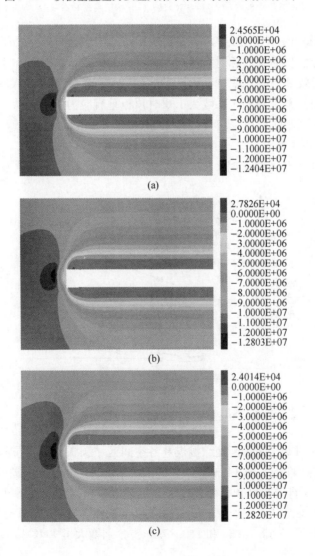

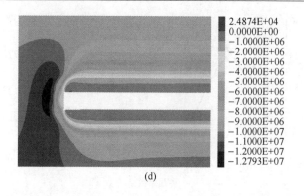

图 3-29 彩图

(d)

图 3-29　侧压系数不同时顶板垂直应力分布云图（单位：Pa）

(a) 侧压系数 0.8；(b) 侧压系数 1.0；(c) 侧压系数 1.2；(d) 侧压系数 1.8

由图 3-28 和图 3-29 可知，随着侧压系数的增大，迎头前方高应力范围逐渐扩大，应力峰值与迎头的相对距离略有增大，侧压系数在 1.0～1.6 之间时应力集中系数相对较高且变化幅度不大；不同侧压系数条件下综掘煤巷顶板的垂直应力的大小波动较大，当侧压系数为 1.0 时顶板垂直应力明显增大，比侧压系数为 0.8 和 1.2 时分别增大 13.27% 和 15.91%。

B　侧压系数变化对复合顶板下沉挠度的影响

当水平应力发生变化时，不同空间区域顶板的最大下沉值及其变化量如图 3-30 所示。

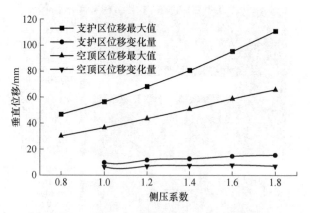

图 3-30　顶板下沉量随侧压系数的变化关系

由图 3-30 可知，矩形断面综掘煤巷各空间区域顶板的垂直位移均随水平应力的变化而变化：随着综掘煤巷侧压系数的依次增加，空顶区和支护区顶板的垂直位移均渐次增大，且支护区顶板弯曲变形比空顶区顶板对侧压系数更加敏感。当侧压系数由 0.8 增大至 1.8 时，空顶区和支护区顶板的垂直位移分别由 30.11mm 和 46.72mm 增大至 65.78mm 和 110.89mm，分别增大了 1.18 和 1.37 倍。

3.4.2.3　岩层分层厚度变化对顶板稳定性的影响

为了探讨顶板岩层分层厚度对矩形断面综掘煤巷顶板稳定性的影响，保持其他参数不变，将 3.5m 厚的直接顶板岩层分别按 0.25m、0.5m、0.75m 和 1.0m 的厚度分层建模。

A　岩层分层厚度变化对复合顶板垂直应力的影响

矩形断面综掘煤巷岩层分层厚度不同的复合顶板垂直应力分布云图如图 3-31 所示。由图可知，随着顶板岩层分层厚度的增大，迎头前方超前应力分布范围变化不大，应力峰值位置有向迎头方向移动的趋势但移动幅度不大；顶板中垂直应力降低的高度随着分层厚度的加大而减小，说明顶板厚度的增厚能使其自身承载能力得到提高，顶板稳定性更强。

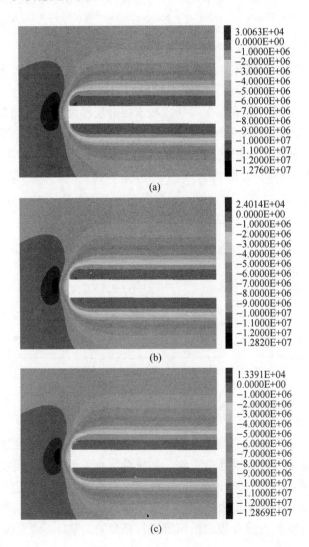

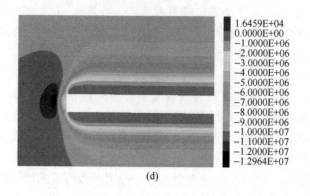

图 3-31 彩图

图 3-31　分层厚度不同时顶板垂直应力分布云图（单位：Pa）

（a）分层厚度 0.25m；（b）分层厚度 0.5m；（c）分层厚度 0.75m；（d）分层厚度 1.0m

B　分层厚度变化对复合顶板下沉挠度的影响

当复合顶板分层厚度发生变化时，不同空间区域顶板的最大下沉值及其变化量如图 3-32 所示。由图可知，综掘煤巷各空间区域顶板表面的下沉挠度均随分层厚度的变化而变化：随着综掘煤巷顶板岩层分层厚度的逐渐加大，空顶区和支护区顶板的下沉位移逐渐减小，且降幅呈非线性特征。当分层厚度由 0.25m 增大至 1.0m 时，空顶区和支护区顶板的下沉值分别由 43.91mm 和 71.58mm 减小至 40.01mm 和 62.31mm，分别减小 8.88% 和 12.95%。

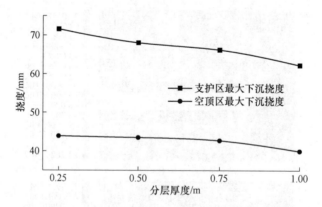

图 3-32　顶板下沉量随岩层分层厚度的变化关系

综上所述，矩形断面综掘煤巷空顶区和支护区顶板的稳定性除了受顶板岩层物理力学性质影响外，还受巷道埋深、侧压系数和顶板岩层分层厚度等多种围岩条件因素的显著影响。因此，从复合顶板煤巷综掘的安全、快速及经济性等方面综合考虑，煤巷掘进期间应根据埋深、水平应力及顶板岩层分层厚度的变化情况对掘进空顶距、支护方案及施工组织等进行必要的调整。

3.4.3 掘进参数对矩形断面综掘煤巷顶板稳定性的影响规律

3.4.3.1 巷宽与复合顶板稳定性的关系

由于煤巷掘进宽度一般不超过 6.5m，所以在保持其他参数不变（顶板未支护）的情况下，将巷道掘进宽度依次设定为 3.0m、3.5m、4.0m、4.5m、5.0m、5.5m、6.0m 和 6.5m 来探讨巷宽对复合顶板应力及变形的影响。

A 煤巷掘进宽度变化对复合顶板垂直应力的影响

矩形断面综掘煤巷巷宽不同时复合顶板垂直应力分布云图如图 3-33 所示。

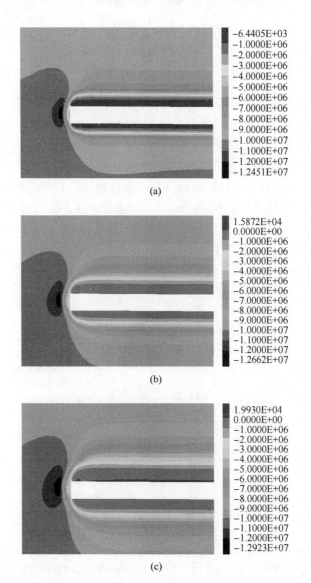

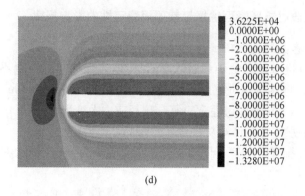

(d)   图 3-33 彩图

图 3-33   掘进宽度不同时顶板垂直应力分布云图（单位：Pa）

（a）巷宽 3.0m；（b）巷宽 4.0m；（c）巷宽 5.0m；（d）巷宽 6.0m

由图 3-33 可知，随着矩形断面综掘宽度的增大，迎头前方应力梯度变化明显的范围将逐渐增大，峰值位置相应前移，峰值大小有所增大，当掘进宽度由 3.0m 增大至 6.0m 时，峰值离迎头的距离由 2.0m 扩展至 3.5m，应力集中系数由 1.25 增大至 1.33。此外，巷道掘进宽度的增加使顶板下位岩层承载能力不足进而需上位岩层帮其承载，导致应力自下而上渐次降低，直至达到一定高度时才恢复至原岩应力，当掘进宽度由 3.0m 增大至 6.0m 时，应力降低的顶板厚度由 9.4m 增大至 15.6m。

B 煤巷掘进宽度变化对复合顶板下沉挠度的影响

矩形断面综掘煤巷顶板下沉量随巷宽的变化关系如图 3-34 所示。

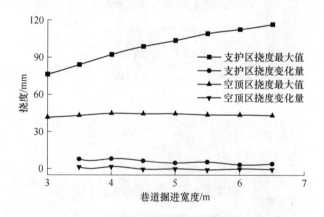

图 3-34   顶板下沉量随巷宽的变化关系

由图 3-34 可知，随着掘进宽度的加大，煤巷顶板的挠曲下沉逐渐增大，但增幅呈现出非线性降低特征，即加大同等掘进宽度时，较窄巷道的顶板挠曲变形受其影响要比较宽巷道更大。掘进宽度增大导致顶板岩梁跨度加大，上方载荷作用的增加使岩梁更容易发生挠曲下沉。

3.4.3.2 巷高与复合顶板稳定性的关系

为了避免巷帮支护强度对顶板稳定性造成影响，对巷帮不支护，并将巷道掘进高度依次设定为 3.0m、3.5m、4.0m、4.5m、5.0m、5.5m 和 6.0m 来探讨巷道掘进高度对矩形断面综掘煤巷复合顶板稳定性的影响。

A 巷高变化对复合顶板垂直应力的影响

顶板岩层内应力的高低是顶板承载能力和承载状态的集中反映，模拟计算后，不同巷高时矩形断面综掘煤巷顶板轴向垂直应力分布云图如图 3-35 所示。

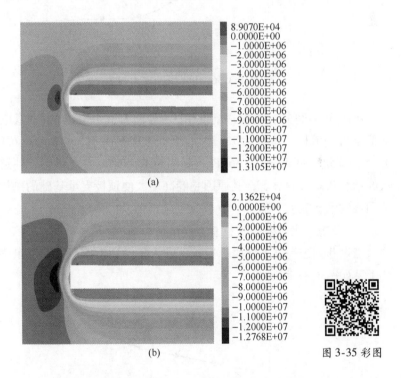

图 3-35 彩图

图 3-35 巷高不同时顶板垂直应力分布云图（单位：Pa）

(a) 巷高 3.0m；(b) 巷高 6.0m

由图 3-35 可知，随着煤巷掘进高度的增加，迎头前方超前应力范围逐渐增大，相应地，峰值位置逐渐远离迎头，当巷道掘进高度由 3.0m 增加至 6.0m 时，峰值位置距迎头的距离由 2.5m 扩大至 3.5m。此外，应力降低的煤巷顶板厚度随掘进高度的增加而增大，由 3.0m 巷高时的 13.0m 增大至 6.0m 巷高时的 14.8m。再者，顶板垂直应力的大小随巷道掘进高度的增加而降低，且降幅逐渐减小，如图 3-36 所示。

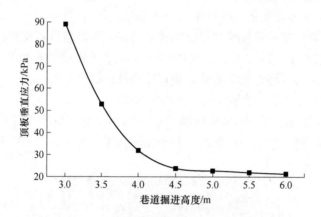

图 3-36　顶板垂直应力与巷高的关系

由图 3-36 可知，当掘进高度由 3.0m 增大至 4.5m 时，垂直应力由 89.07kPa降低至 23.75kPa，降幅为 73.3%；当掘进高度由 4.5m 增大至 6.0m 时，垂直应力由 23.75kPa 降低至 21.36kPa，降幅为 10.1%。由此可得，巷道掘进高度对顶板的承载状态影响显著，其原因是巷高增大使顶板支承基础的刚度降低，进而导致顶板的承载能力下降。

B　巷高变化对复合顶板垂直挠度的影响

当煤巷掘进高度不同时，空顶区和支护区顶板的最大下沉量跟巷道掘进高度的关系如图 3-37 所示。

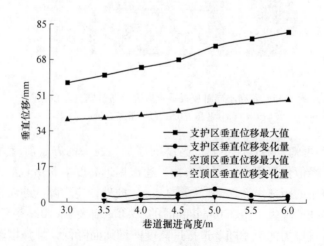

图 3-37　顶板下沉量随巷高的变化关系

由图 3-37 可以看出，巷道掘进高度不仅影响空顶区顶板的下沉挠度，而且对支护区顶板的垂直位移也有较大影响。支护区和空顶区顶板的下沉挠度均随巷道掘进高度的增大呈非线性增大，究其原因，主要是由于顶板的弯曲下沉受巷帮支撑作用影响，巷高的增大使巷帮稳定性降低，进而导致顶板下沉量增大，反之顶板下沉量将有所减小。此外，支护区和空顶区顶板的下沉挠度对巷高的敏感程度略有不同，即支护区顶板比空顶区顶板更容易受巷高影响，主要原因在于空顶区顶板除了受两帮煤体支撑外还受到迎头前方煤体支撑，卸荷不充分。综上可知，煤巷掘进高度是影响顶板稳定的重要因素，降低掘进高度更有利于顶板的稳定，因此在满足矿井生产所需的情况下，应尽可能降低掘进高度。

3.4.3.3 掘进速度与复合顶板稳定性的关系

掘进速度的不同不仅影响掘进工效的高低，而且对围岩的稳定性产生重要影响。模型计算时，设定煤巷的循环开挖时步分别为 9000 步、6000 步和 3000 步，依此来模拟煤巷不同的掘进速度，即慢速掘进、中速掘进和快速掘进。

A 掘进速度对复合顶板垂直应力的影响

不同综掘速度下矩形断面煤巷顶板的垂直应力分布云图如图 3-38 所示。

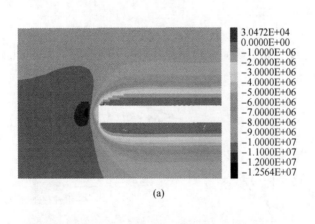

(a)

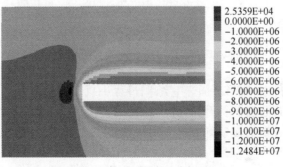

(b)

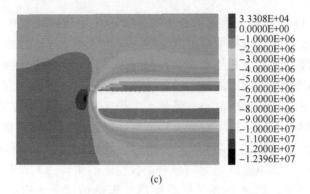

(c)　　　　　　　　　　　　　图 3-38 彩图

图 3-38　不同掘进速度下顶板垂直应力分布（单位：Pa）

（a）慢速掘进；（b）中速掘进；（c）快速掘进

由图 3-38 可知，随着掘进速度的提升，扰动区的范围几乎无变化，且应力集中区应力峰值的位置距掘进迎头的距离均为 3.0m，但是应力峰值大小呈现逐渐降低的趋势，三种掘进速度下其应力集中系数分别为 1.26、1.25 和 1.24。此外，煤巷综掘速度由慢到快时，上位岩层受下位岩层的影响程度不同，导致垂直应力降低的顶板高度逐渐减小，三种掘进速度下应力降低的顶板高度分别为 11.3m、11.0m 和 10.5m。

B　掘进速度对复合顶板下沉挠度的影响

不同综掘速度下矩形断面煤巷复合顶板的下沉挠度如图 3-39 所示。

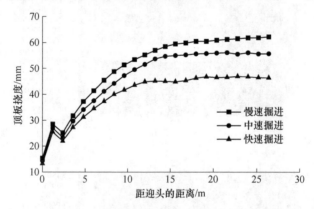

图 3-39　不同掘进速度下顶板的下沉挠度

由图 3-39 可知，矩形断面煤巷综掘过程中扰动区、空顶区和支护区顶板的挠度下沉均随掘进速度的提升而逐渐减小，但各掘进空间区域顶板变形也存在较大差异。在掘进速度由慢速到中速再到快速的情况下，扰动区顶板最大下沉位移（迎头处位移）分别为 15.34mm、14.34mm 和 13.25mm，相互间依次减小了 6.52% 和 7.60%，且扰动区顶板下沉量分别占顶板下沉总量的 24.66%、

25.74%和28.54%，则扰动区顶板的下沉量随掘进速度的加快而减小，但其在最终下沉量中的占比逐渐增大。空顶区顶板的下沉位移分别为28.52mm、27mm和25.5mm，比扰动区顶板的下沉位移分别增大13.18mm、12.66mm和12.25mm，增幅分别为85.92%、88.28%和92.45%，且空顶期间下沉量分别占顶板下沉总量的21.19%、22.72%和26.39%，由此可知，顶板空顶期间下沉量随着掘进速度的加快而逐渐减小，但增幅逐渐增大，且顶板空顶期间的下沉量在最终下沉量中的占比逐渐增大。支护区顶板的下沉量分别为62.21mm、55.71mm和46.42mm，比空顶区顶板的下沉位移分别增大33.69mm、28.71mm和20.92mm，增幅分别为118.13%、106.33%和82.04%，且顶板支护后的新增下沉量分别占顶板下沉总量的54.15%、51.54%和45.07%，可见顶板支护以后新增的下沉量随着掘进速度的加快而逐渐减小，但增幅逐渐减小，且顶板支护后的新增下沉量在最终下沉量中的占比逐渐减小。总体来看，综掘煤巷顶板的最终下沉量是掘进扰动、空顶和支护后3个阶段下沉量的累积，且支护后产生的变形量占比最大，扰动期间次之，空顶期间最小。

由于矩形断面煤巷综掘破煤、支护等工序的施工过程是一个时间延续的过程，而围岩的变形及应力释放也是随时间逐步积累的过程，所以，随着掘进速度的不断加快，顶板悬空的时间越来越短，顶板的变形及应力释放还不充分，而及时的支护使下位岩层与上位岩层更早地实现协同承载，有利于改善顶板岩层的应力环境和减小顶板弯曲变形，从而使综掘煤巷顶板整体稳定性得到大幅增强。

3.4.3.4 掘进循环步距与复合顶板稳定性的关系

模型计算时，分别将矩形断面煤巷综掘的循环步距设定为1.0m、2.0m和3.0m来探讨综掘循环步距对复合顶板稳定性的影响。

A 掘进循环步距对复合顶板弯曲下沉的影响

采用不同掘进循环步距施工时矩形断面煤巷顶板的垂直位移分布如图3-40所示。

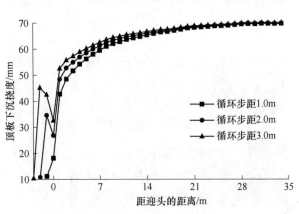

图3-40 不同循环步距时顶板的下沉挠度分布

　　由图 3-40 可知, 掘进循环步距的改变对矩形断面综掘煤巷各空间区域顶板的弯曲下沉都产生较大的影响。随着循环步距的加大, 扰动区顶板的下沉值分别为 11.13mm、10.81mm 和 10.32mm, 分别占最终下沉量的 15.95%、15.45% 和14.71%; 空顶区顶板的最大下沉值均位于其迎头后方 1m 处, 其值分别为18.13mm、34.57mm 和 45.17mm, 其中空顶期间的最大下沉值分别为 7.00mm、23.76mm 和 34.85mm, 其分别占最终下沉量的 10.04%、33.96% 和 49.68%; 支护区前端 21m 范围内顶板变形剧烈, 此段顶板下沉位移量随循环步距加大而增大, 且离迎头越近越显著, 究其原因, 主要在于其在扰动和空顶期间产生了更大的不可逆变形以及正遭受前方空顶区顶板弯曲变形影响。因此, 煤巷综掘期间循环步距选择的合理性不仅关乎到掘进速度的快慢, 而且对支护区和空顶区顶板的稳定程度产生重要影响。

　　B　掘进循环步距对复合顶板垂直应力的影响

　　采用不同掘进循环步距施工时矩形断面煤巷顶板的垂直应力分布如图 3-41所示。

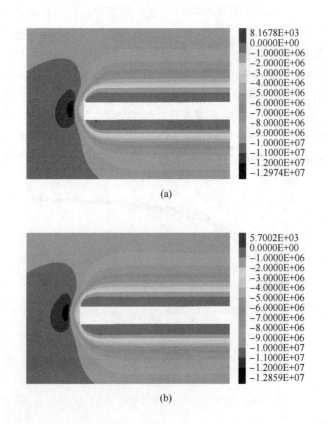

(a)

(b)

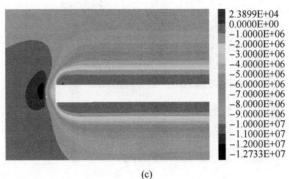

(c)

图 3-41 彩图

图 3-41 不同循环步距下顶板垂直应力分布云图（单位：Pa）

（a）循环步距 1.0m；（b）循环步距 2.0m；（c）循环步距 3.0m

由图 3-41 可知，掘进循环步距发生变化时，迎头前方应力梯度较显著的分布范围及集中应力大小差别不大，峰值位置在迎头前方约 2.8m 处，应力峰值由 12.97MPa 降至 12.73MPa，降幅为 1.85%；应力降低的顶板高度均在 13.4m 左右。可见煤巷顶板垂直应力受循环步距的影响较小。

3.4.4 巷道支护对矩形断面综掘煤巷顶板稳定性的影响规律

3.4.4.1 不同滞后支护距离对顶板稳定性的影响

A 滞后支护距离对复合顶板垂直应力的影响

滞后迎头不同距离施加支护时矩形断面综掘煤巷顶板的垂直应力分布如图 3-42 所示。由图可知，滞后迎头支护距离的变化对综掘煤巷顶板的垂直应力影响极其微小。滞后支护距离由 1m 加大至 10m 时，迎头前方应力峰值由 1m 时的 12.97MPa 降至 10m 时的 12.84MPa，降幅仅为 1%；垂直应力降低的顶板高度由 13.4m 增大至 13.9m，增幅为 3.73%。

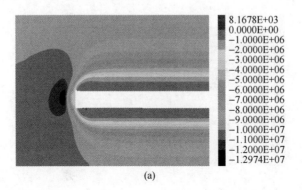

(a)

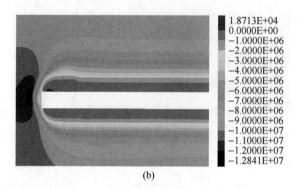

(b)

图 3-42 彩图

图 3-42　不同滞后支护距离时顶板垂直应力分布云图（单位：Pa）

（a）滞后支护距离 1.0m；（b）滞后支护距离 10.0m

B　滞后支护距离对复合顶板垂直位移的影响

滞后迎头不同距离施加支护时，矩形断面综掘煤巷顶板的垂直位移在轴向上的云图及分布如图 3-43 和图 3-44 所示。

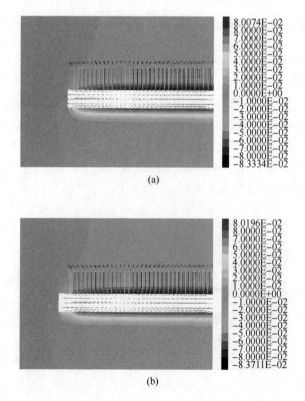

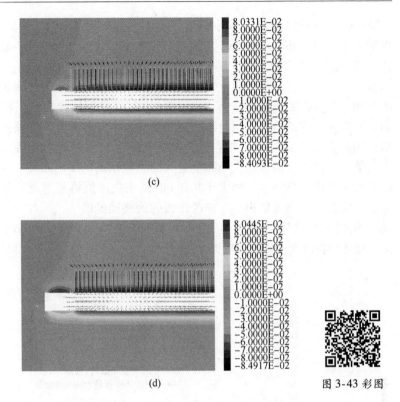

(c)

(d)

图 3-43 彩图

图 3-43 不同滞后支护距离时顶板的垂直位移云图（单位：m）
(a) 滞后支护距离 1.0m；(b) 滞后支护距离 3.0m；
(c) 滞后支护距离 5.0m；(d) 滞后支护距离 7.0m

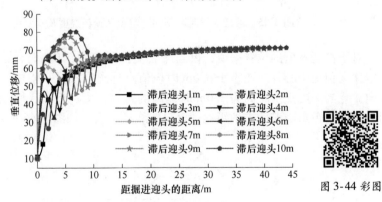

图 3-44 彩图

图 3-44 滞后迎头不同距离支护时煤巷顶板轴向垂直位移分布

由图 3-43 和图 3-44 可知，滞后迎头不同距离对顶板进行支护时，综掘煤巷各空间区域顶板的下沉挠度都会受其影响，其中最为明显的区域为空顶区。当滞后支护距离在 1.0m 和 10m 之间变化时，扰动区顶板下沉挠度的最大差值仅为

1.38mm，影响极其微小。支护区顶板的最终下沉挠度由 1.0m 时的 69.80mm 渐次增大至 10m 时的 71.09mm，增幅小于 2%。空顶区顶板前、后端分别受迎头煤体和支护区顶板约束支撑，在空顶距离长度加大过程中，因其前、后端支撑刚度和强度发生变化，从而导致空顶区顶板下沉挠度在不同空顶区间长度内呈现不同的规律：当空顶距离较小（不大于 2.0m）时，空顶区顶板的下沉挠度分布在轴向上呈单调递增的特点；当空顶距离超过 2.0m 以后，空顶区顶板的下沉挠度分布在轴向上呈"∧"型，即空顶区顶板挠度在轴向上先增大后减小，并形成一个极值，且该挠度极值的大小和位置又因空顶距离的不同而发生变化。就挠度极值的大小来讲，当空顶距离大于 8.0m 时，该挠度值将超过支护区顶板的最终挠度值，反之，该挠度值小于支护区顶板的最终挠度值。

　　不同滞后支护距离条件下空顶区顶板挠度极值及其变化量如图 3-45 所示，可知空顶区顶板挠度极值随滞后支护距离的加大而增大，且增幅呈非线性降低特征。

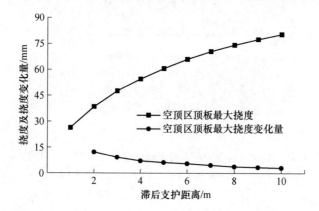

图 3-45　滞后支护距离不同时空顶区顶板挠度及其变化

　　对于挠度极值的位置来说，仅当滞后支护距离为 6.0m 时，该挠度极值点位于空顶区顶板中心处，而小于 6.0m 时极值点远离空顶区顶板中心且偏向于迎头方向，且当滞后支护距离为 3.0m 时偏离的距离最大；反之，则偏向于支护区方向，且偏离距离随滞后支护距离加大呈非线性增大，如图 3-46 所示。

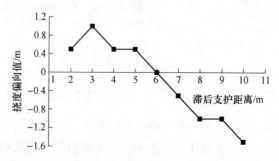

图 3-46　滞后支护距离不同时空顶区顶板轴向最大挠度偏向特征

3.4.4.2 支护强度对综掘煤巷顶板稳定性的影响

A 支护强度对煤巷顶板垂直应力的影响

支护强度改变时矩形断面综掘煤巷顶板垂直应力分布如图 3-47 所示。

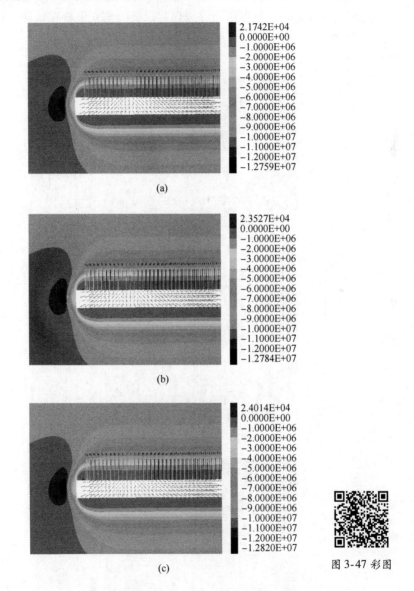

(a)

(b)

(c)

图 3-47 彩图

图 3-47 不同支护强度时煤巷顶板垂直应力分布云图 （单位：Pa）
(a) 低强度支护；(b) 中强度支护；(c) 高强度支护

由图 3-47 可知，综掘煤巷顶板的垂直应力随支护强度的增大而增大，三种不同强度支护后顶板应力分别为 21.74kPa、23.53kPa 和 24.01kPa，增幅依次为

8.23%和2.04%。由此可知，支护强度的加大可以增强巷道顶板的承载状态，从而提高顶板的抗变形能力。

B　支护强度对煤巷复合顶板下沉挠度的影响

支护强度改变时，矩形断面综掘煤巷顶板的垂直位移在轴向上的云图及分布如图3-48和图3-49所示。

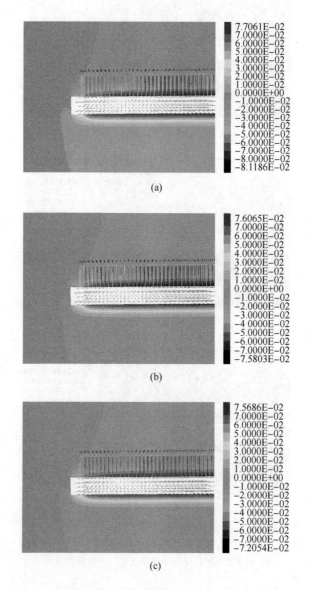

(a)

(b)

(c)

图3-48 彩图

图3-48　支护强度不同时煤巷顶板的垂直位移云图（单位：m）
（a）低强度支护；（b）中强度支护；（c）高强度支护

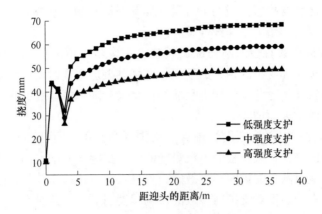

图 3-49　支护强度不同时煤巷顶板轴向垂直位移分布

由图 3-48 和图 3-49 可知，支护强度的变化对支护区顶板变形的影响程度明显高于其对空顶区顶板变形的影响程度，主要原因在于空顶区与支护区顶板保持稳定时对支护强度的依赖程度不同。自身强度逐渐降低的支护区顶板其稳定性主要依赖于支护强度，然而，空顶区顶板的弯曲变形不仅与后方支护区顶板的支护强度有关而且很大程度上取决于其下方巷帮及迎头煤体的强度。

3.5　本章小结

通过上述对矩形断面综掘煤巷复合顶板动态力学响应特征分析及大量工程实践表明，煤巷综掘施工的过程是在时空（时间和空间）上处于动态变化的过程，顶板的变形是煤巷综掘施工引起的典型矿山压力显现，且顶板变形呈现出显著的空间效应。随着掘进工作面的逐步推进，迎头前方未受掘进扰动影响的原岩区将先后过渡至扰动区、空顶区和支护区，空间区域逐步过渡的过程正是围岩应力平衡状态被逐步打破并重新调整的过程。在围岩应力重新调整以期达到平衡的过程中，顶板岩层的力学性态由弹性状态逐步过渡至非线性屈服的黏塑性状态，顶板结构的稳定程度将逐步降低，围岩压力一旦超过顶板岩层或顶板锚固体的极限承载能力，顶板将会发生变形，甚至失稳，从而危及人身安全和影响掘进速度。因此，为了实现复合顶板煤巷的安全、快速综掘，必须在煤巷综掘顶板响应特征分析的基础上对不同空间区域顶板的变形失稳机理展开深入研究，尤其是要弄清变形剧烈且作为掘进施工场所的空顶区和支护区顶板的变形失稳机理。

（1）通过对复合顶板煤巷综掘施工过程模拟可知，煤巷综掘复合顶板的应力、变形及塑性破坏沿扰动区、空顶区、支护区方向及顶板纵深方向均呈渐次演化特征。

（2）围岩条件对矩形断面综掘煤巷支护区和空顶区复合顶板稳定性影响规

律表明，空顶区和支护区顶板的下沉量随煤巷埋深和侧压系数的增大而增大；随顶板岩层分层厚度的增大呈非线性减小。

（3）由掘进参数对矩形断面综掘煤巷支护区和空顶区复合顶板稳定性影响规律可得，空顶区和支护区顶板的下沉量随煤巷掘进宽度的增大而增大，且增幅呈非线性降低特征；随巷高的增大呈非线性增大；随综掘速度的提升而减小；随掘进循环步距的增大而增大。

（4）巷道支护对矩形断面综掘煤巷支护区和空顶区复合顶板稳定性影响规律表明，空顶区和支护区顶板的下沉量随滞后支护距离的增大而增大，空顶区顶板比支护区顶板对滞后支护距离更敏感，且最大垂直位移及其位置跟滞后支护距离密切相关；支护强度对支护区顶板的影响程度明显高于其对空顶区顶板的影响程度。

4 矩形断面综掘煤巷空顶区
复合顶板变形破坏机制研究

掌握矩形断面综掘煤巷空顶区复合顶板的变形特征及破坏机制可以为掘进施工参数（循环步距、滞后支护时机）的合理设计提供重要依据，因此，本章对矩形断面综掘煤巷空顶区复合顶板构建相应的力学模型，理论分析其变形破坏特征及稳定性影响因素，揭示空顶区复合顶板的变形破坏机制。

4.1 薄板小挠度弯曲基本理论

4.1.1 三个计算假定

薄板小挠度弯曲理论是基于一些计算假定而创立的，其中基尔霍夫假设是最基本的计算假定[210-211]，该假设主要包含以下 3 个方面：

（1）直线法假设：薄板中面的垂直法线在变形前后均与中面保持垂直，且长度不发生改变。

（2）仅有垂向位移假设：薄板发生弯曲变形时，板中面内的任一点只在垂直方向上发生位移，而在平行于中面方向上的位移始终为 0。

（3）纵向应变为零假设：与中面垂直的正应力 σ_z 跟 τ_{xy}、σ_y、σ_x 相比数值甚小，在计算时可将其忽略不计。

4.1.2 薄板弯曲理论的力学方程

位移求解法是解决薄板小挠度弯曲问题的基本方法，选取待研究薄板的挠度 w 为基本未知函数，结合空间问题的物理方程、几何方程、平衡微分方程及薄板小挠度弯曲理论的 3 个基本假定，可推导出用挠度来刻画的板内任一点的形变分量、应力分量及横截面上的内力表达式，进而得到薄板保持平衡应满足的基本方程。

4.1.2.1 薄板形变分量表达式

依据弹性力学中薄板小挠度弯曲理论的直线法假设，可将空间问题中位移分量和形变分量须满足的几何方程简化为：

$$
\begin{cases}
\varepsilon_x = \dfrac{\partial u}{\partial x} \\[2mm]
\varepsilon_y = \dfrac{\partial v}{\partial y} \\[2mm]
\varepsilon_z = \dfrac{\partial w}{\partial z} = 0 \\[2mm]
\gamma_{zx} = \dfrac{\partial u}{\partial z} + \dfrac{\partial w}{\partial x} = 0 \\[2mm]
\gamma_{yz} = \dfrac{\partial w}{\partial y} + \dfrac{\partial v}{\partial z} = 0 \\[2mm]
\gamma_{xy} = \dfrac{\partial v}{\partial x} + \dfrac{\partial u}{\partial y}
\end{cases}
\tag{4-1}
$$

由几何方程（4-1）中的第三式可知，薄板内任意一点的位移分量 w 仅由其所在位置处的 x 和 y 决定而与 z 无关，即所有点的位移分量 w 都相同且等于板的挠度。再根据几何方程（4-1）中的第四式和第五式分别得到：

$$
\frac{\partial u}{\partial z} = -\frac{\partial w}{\partial x}, \quad \frac{\partial v}{\partial z} = -\frac{\partial w}{\partial y}
\tag{4-2}
$$

将式（4-2）对 z 积分得：

$$
u = -\frac{\partial w}{\partial x} z + f_1(x,y), \quad v = -\frac{\partial w}{\partial y} z + f_2(x,y)
\tag{4-3}
$$

根据弹性力学中薄板小挠度弯曲理论的第二个假设，求得任意函数 $f_1(x,y) = f_2(x,y) = 0$，则有：

$$
u = -\frac{\partial w}{\partial x} z, \quad v = -\frac{\partial w}{\partial y} z
\tag{4-4}
$$

将式（4-4）代入几何方程（4-1），得薄板形变分量表达式为：

$$
\begin{cases}
\varepsilon_x = \dfrac{\partial u}{\partial x} = -z \dfrac{\partial^2 x}{\partial x^2} \\[2mm]
\varepsilon_y = \dfrac{\partial v}{\partial y} = -z \dfrac{\partial^2 w}{\partial y^2} \\[2mm]
\gamma_{xy} = \dfrac{\partial u}{\partial y} + \dfrac{\partial v}{\partial x} = -2z \dfrac{\partial^2 w}{\partial x \partial y}
\end{cases}
\tag{4-5}
$$

4.1.2.2　应力分量表达式

结合弹性力学中薄板小挠度弯曲理论的第三个假设，将薄板满足的物理方程简化为：

$$
\begin{cases}
\sigma_x = \dfrac{E}{1-\mu^2}(\varepsilon_x + \mu \varepsilon_y) \\[2mm]
\sigma_y = \dfrac{E}{1-\mu^2}(\varepsilon_y + \mu \varepsilon_x) \\[2mm]
\tau_{xy} = G\gamma_{xy} = \dfrac{E}{2(1+\mu)} \gamma_{xy}
\end{cases}
\tag{4-6}
$$

将 ε_x、ε_y 和 γ_{xy} 代入式（4-6），得应力分量表达式：

$$\begin{cases} \sigma_x = \dfrac{-zE}{1-\mu^2}\left(\dfrac{\partial^2 w}{\partial x^2} + \mu \dfrac{\partial^2 w}{\partial y^2}\right) \\[3mm] \sigma_y = \dfrac{-zE}{1-\mu^2}\left(\dfrac{\partial^2 w}{\partial y^2} + \mu \dfrac{\partial^2 w}{\partial x^2}\right) \\[3mm] \tau_{xy} = \dfrac{-zE}{1+\mu}\dfrac{\partial^2 w}{\partial x \partial y} \end{cases} \tag{4-7}$$

4.1.2.3 内力表达式

设薄板的厚度为 t，取长度分别为 $\mathrm{d}x$、$\mathrm{d}y$ 和 t 的薄板微单元为研究对象，那么由作用于 x 和 y 为常量的横截面上的 σ_x 和 σ_y 分别合成弯矩为：

$$M_x = \int_{-\frac{t}{2}}^{\frac{t}{2}} z\sigma_x \mathrm{d}z, \quad M_y = \int_{-\frac{t}{2}}^{\frac{t}{2}} z\sigma_y \mathrm{d}z \tag{4-8}$$

相应地，由 τ_{xy} 和 τ_{yx} 分别合成的扭矩为：

$$M_{xy} = \int_{-\frac{t}{2}}^{\frac{t}{2}} z\tau_{xy} \mathrm{d}z = M_{yx} \tag{4-9}$$

将式（4-7）代入式（4-8）和式（4-9），对 z 积分整理得：

$$\begin{cases} M_x = -D\left(\dfrac{\partial^2 w}{\partial x^2} + \mu \dfrac{\partial^2 w}{\partial y^2}\right) \\[3mm] M_y = -D\left(\dfrac{\partial^2 w}{\partial y^2} + \mu \dfrac{\partial^2 w}{\partial x^2}\right) \\[3mm] M_{xy} = -D(1-\mu)\dfrac{\partial^2 w}{\partial x \partial y} = M_{yx} \end{cases} \tag{4-10}$$

式中，D 为板的弯曲刚度，且其与弹性模量 E、板厚 t、泊松比 μ 的关系为：

$$D = \frac{Et^3}{12(1-\mu^2)} \tag{4-11}$$

同理，由 τ_{xz} 和 τ_{yz} 分别合成的横向剪力为：

$$Q_{Sx} = -D\frac{\partial}{\partial x}\nabla^2 w, \quad Q_{Sy} = -D\frac{\partial}{\partial y}\nabla^2 w \tag{4-12}$$

尺寸为 $\mathrm{d}x$ 与 $\mathrm{d}y$ 的薄板中面上所受的横向载荷 q 及横截面上的 M_y、M_x、M_{xy}、M_{yx}、Q_{Sx}、Q_{Sy} 分布如图 4-1 所示。

4.1.2.4 薄板弯曲的力学平衡方程

现根据薄板微单元所满足的受力平衡条件来探讨薄板在横向载荷作用下发生弯曲变形时的平衡问题。首先令 $\sum F_z = 0$，则有：

$$\left(Q_{Sy} + \frac{\partial Q_{Sy}}{\partial y}\mathrm{d}y\right)\mathrm{d}x - Q_{Sy}\mathrm{d}x + \left(Q_{Sx} + \frac{\partial Q_{Sx}}{\partial x}\mathrm{d}x\right)\mathrm{d}y - Q_{Sx}\mathrm{d}y + q\mathrm{d}x\mathrm{d}y = 0$$

化简之后得：

$$\frac{\partial Q_{Sy}}{\partial y} + \frac{\partial Q_{Sx}}{\partial x} = -q \qquad (4-13)$$

其次，由 $\sum M_x = 0$，则有：

$$\left(M_y + \frac{\partial M_y}{\partial y}\mathrm{d}y\right)\mathrm{d}x - M_y\mathrm{d}x + \left(M_{xy} + \frac{\partial M_{xy}}{\partial x}\mathrm{d}x\right)\mathrm{d}y - M_{xy}\mathrm{d}y -$$

$$\left(Q_{Sy} + \frac{\partial Q_{Sy}}{\partial y}\mathrm{d}y\right)\mathrm{d}x\mathrm{d}y + Q_{Sy}\mathrm{d}x\mathrm{d}y - q\mathrm{d}x\mathrm{d}y\frac{\mathrm{d}y}{2} = 0$$

化简后得：

$$Q_{Sy} = \frac{\partial M_{xy}}{\partial x} + \frac{\partial M_y}{\partial y} \qquad (4-14)$$

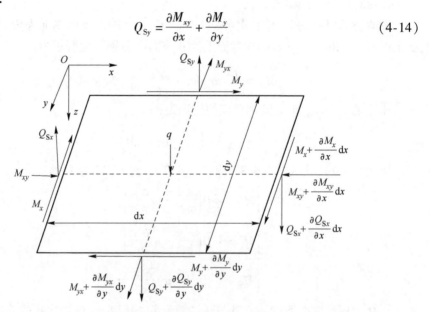

图 4-1 横向载荷及内力分布示意图

同理，由 $\sum M_y = 0$ 得：

$$Q_{Sx} = \frac{\partial M_{yx}}{\partial y} + \frac{\partial M_x}{\partial x} \qquad (4-15)$$

联立式（4-13）～式（4-15），可得出由横向载荷、扭矩及弯矩表征的平衡微分方程，即

$$\frac{\partial^2 M_y}{\partial y^2} + 2\frac{\partial^2 M_{xy}}{\partial x\partial y} + \frac{\partial^2 M_x}{\partial x^2} = -q \qquad (4-16)$$

再将式（4-10）代入式（4-16），便可得薄板弯曲的弹性曲面微分方程，即：

$$\nabla^2\nabla^2 w = \frac{12q(1-\mu^2)}{Et^3} \qquad (4-17)$$

4.2 矩形断面综掘煤巷空顶区复合顶板变形特征

由矩形断面综掘煤巷空间区划可知，空顶区顶板与其他区域顶板的受力条件

存在显著不同，其四周边缘分别受到煤体（迎头前方及两帮）的支撑作用和支护区顶板对其产生的约束作用。所以，对于复合顶板矩形断面煤巷来说，当对其空顶区顶板稳定性进行力学分析时，可将空顶区顶板简化为一边简支而另外三边固支的矩形板结构模型。在与赵庄矿五盘区类似条件下的复合顶板煤巷中，顶板岩层的层状特征明显且分层厚度较小，当岩板的厚度与其最小悬空跨度（巷道掘进宽度与极限空顶距二者中的小者）的比值介于 1/80 ~ 1/5 时，对照经典弹性力学中板构件的分类标准可知，此类顶板隶属于薄板[212-218]。此外，薄层岩板在空顶期间发生弯曲变形而产生的下沉挠度与其自身的厚度之比往往不大于 1/5。因此，通过建立空顶区顶板的薄板力学模型，并运用较完善的薄板小挠度弯曲理论对空顶区顶板的稳定性进行分析是可行的。

4.2.1　空顶区复合顶板力学模型的建立

基于上述分析，以空顶区下位顶板岩层的中面为基准面，建立一边简支三边固支的薄板力学模型，如图 4-2 所示。在图 4-2 中，x 为煤巷轴向方向，y 为煤巷宽度方向，q 为空顶区下位顶板岩层所受的载荷；b 为煤巷的掘进宽度，a 为综掘工作面的空顶距。

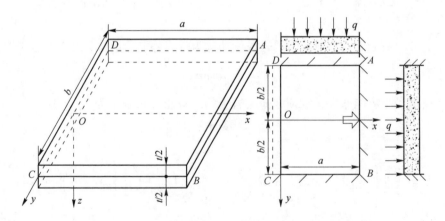

图 4-2　空顶区顶板的一边简支三边固支薄板力学模型

对于上述一边简支三边固支的空顶区等厚薄层岩板来说，边界条件为：

$$
\begin{cases}
w_{x=a}=0, & \left(\dfrac{\partial w}{\partial x}\right)_{x=a}=0 \\[2mm]
w_{x=0}=0, & \left(\dfrac{\partial^{2} w}{\partial x^{2}}\right)_{x=0}=0 \\[2mm]
w_{y=\pm\frac{b}{2}}=0, & \left(\dfrac{\partial w}{\partial y}\right)_{y=\pm\frac{b}{2}}=0
\end{cases}
\tag{4-18}
$$

4.2.2 空顶区复合顶板的内力解析

当空顶区顶板的下位岩层发生弯曲变形且处于平衡状态时，受下位岩层自重和上位岩层重量的影响，在岩板内产生的扭矩和弯矩对薄层岩板的小挠度弯曲变形所做的功，将完全转化为应变能（形变势能）且存储于薄层岩板的内部。形变势能 Ω 的基本计算公式为：

$$\Omega = \iiint v\,dxdydz = \frac{1}{2}\iiint (\sigma_x\varepsilon_x + \sigma_y\varepsilon_y + \sigma_z\varepsilon_z + \tau_{zx}\gamma_{zx} + \tau_{yz}\gamma_{yz} + \tau_{xy}\gamma_{xy})\,dxdydz$$

$$(4-19)$$

由薄板小挠度弯曲的计算假定可知，γ_{zx}、γ_{yz} 和 ε_z 这三个形变分量可视作 0 来处理，则式（4-19）简化为：

$$\Omega = \frac{1}{2}\iiint (\sigma_x\varepsilon_x + \sigma_y\varepsilon_y + \tau_{xy}\gamma_{xy})\,dxdydz \qquad (4-20)$$

将式（4-5）、式（4-7）及式（4-11）代入式（4-20），则空顶区等厚度薄层岩板内储存的形变势能 Ω 用挠度 w 表示为：

$$\Omega = \frac{D}{2}\iint \left(\frac{\partial^2 w}{\partial x^2} + \frac{\partial^2 w}{\partial y^2}\right)^2 dxdy - (1-\mu)D\iint \left[\frac{\partial^2 w}{\partial x^2}\frac{\partial^2 w}{\partial y^2} - \left(\frac{\partial^2 w}{\partial x\partial y}\right)^2\right]dxdy$$

$$(4-21)$$

此外，载荷 q 对空顶区薄层岩板做功称为外力势能，记作 V，其表达式为：

$$V = -\iint qw\,dxdy$$

根据最小势能原理，空顶区薄层岩板的总势能 Σ 可表示为：

$$\Sigma = \Omega + V$$

即

$$\Sigma = \frac{D}{2}\iint \left\{(\nabla^2 w)^2 - 2(1-\mu)\left[\frac{\partial^2 w}{\partial x^2}\frac{\partial^2 w}{\partial y^2} - \left(\frac{\partial^2 w}{\partial x\partial y}\right)^2\right]\right\}dxdy - \iint qw\,dxdy$$

$$(4-22)$$

进而构建满足上述一边简支三边固支边界条件的薄板挠曲面方程，此处设挠度方程为：

$$w(x,y) = Kx(x^2 - a^2)^2\left(y^2 - \frac{b^2}{4}\right)^2 \qquad (4-23)$$

将式（4-23）代入式（4-22）得：

$$\Sigma = -\frac{Ka^6 b^5 q}{180} - \frac{16K^2 E a^7 b^5 t^3 (336a^4 + 176a^2 b^2 + 165b^4)}{363825 \times (12\mu^2 - 12)}$$

$$= -\frac{Ka^6 b^5 q}{180} + \frac{16DK^2 a^7 b^5 (336a^4 + 176a^2 b^2 + 165b^4)}{363825}$$

再令 $\partial \Sigma / \partial K = 0$，则有：

$$K = \frac{8085q}{128Da(336a^4 + 176a^2b^2 + 165b^4)}$$

再将 K 代入式（4-23），则一边简支三边固支的空顶区等厚薄层岩板的挠度 w 解析式为：

$$w(x,y) = \frac{8085qx}{128Da(336a^4 + 176a^2b^2 + 165b^4)}(x^2 - a^2)^2\left(y^2 - \frac{b^2}{4}\right)^2 \quad (4\text{-}24)$$

将式（4-24）代入式（4-10），则综掘工作面空顶区等厚薄层岩板的弯矩为：

$$\begin{cases} M_x = \dfrac{-8085qx\left(-4a^4b^2\mu + 48a^4\mu y^2 + 8a^2b^2\mu x^2 - 96a^2\mu x^2 y^2 - 4b^2\mu x^4 + 48\mu x^4 y^2 - 3a^2b^4 + 24a^2b^2 y^2 - 48a^2 y^4 + 5b^4 x^2 - 40b^2 x^2 y^2 + 80x^2 y^4\right)}{172032a^5 + 90112a^3b^2 + 84480ab^4} \\[4mm] M_y = \dfrac{-8085qx\left(-3a^2b^4\mu + 24a^2b^2\mu y^2 - 48a^2\mu y^4 + 5b^4\mu x^2 - 40b^2\mu x^2 y^2 + 80\mu x^2 y^4 - 4a^4b^2 + 48a^4 y^2 + 8a^2b^2 x^2 - 96a^2 x^2 y^2 - 4b^2 x^4 + 48x^4 y^2\right)}{172032a^5 + 90112a^3b^2 + 84480ab^4} \\[4mm] M_{xy} = \dfrac{-8085qy(b^2 - 4y^2)(\mu - 1)(a^4 - 6a^2x^2 + 5x^4)}{128a(336a^4 + 176a^2b^2 + 165b^4)} \end{cases}$$

$$(4\text{-}25)$$

同时，将式（4-24）代入式（4-7），得综掘工作面空顶区等厚薄层岩板的应力为：

$$\begin{cases} \sigma_x = \dfrac{8085qxz(12\mu^2 - 12)\left(-4a^4b^2\mu + 48a^4\mu y^2 + 8a^2b^2\mu x^2 - 96a^2\mu x^2 y^2 - 4b^2\mu x^4 + 48\mu x^4 y^2 - 3a^2b^4 + 24a^2b^2 y^2 - 48a^2 y^4 + 5b^4 x^2 - 40b^2 x^2 y^2 + 80x^2 y^4\right)}{512t^3(\mu^2 - 1)(336a^5 + 176a^3b^2 + 165ab^4)} \\[4mm] \sigma_y = \dfrac{8085qxz(12\mu^2 - 12)\left(-3a^2b^4\mu + 24a^2b^2\mu y^2 - 48a^2\mu y^4 + 5b^4\mu x^2 - 40b^2\mu x^2 y^2 + 80\mu x^2 y^4 - 4a^4b^2 + 48a^4 y^2 + 8a^2b^2 x^2 - 96a^2 x^2 y^2 - 4b^2 x^4 + 48x^4 y^2\right)}{512t^3(\mu^2 - 1)(336a^5 + 176a^3b^2 + 165ab^4)} \\[4mm] \tau_{xy} = -\dfrac{24255qyz(\mu^2 - 1)(b^2 - 4y^2)(a^4 - 6a^2x^2 + 5x^4)}{32at^3(\mu + 1)(336a^4 + 176a^2b^2 + 165b^4)} \end{cases}$$

$$(4\text{-}26)$$

4.2.3 空顶区复合顶板变形破坏规律

基于上述矩形断面综掘煤巷空顶区复合顶板的薄板模型及其内力求解结果，参照赵庄矿 53122 回风巷掘进工作面的工程地质条件，运用数学软件 MATLAB R2014a 对综掘煤巷空顶区复合顶板的下沉挠度 $w(x,y)$、正应力 σ_x 及 σ_y 等进行计算，进而绘制出空顶区复合顶板不同视域下的下沉挠度 w、σ_x 及 σ_y 分布图，如图 4-3 ~ 图 4-5 所示。

由图 4-3 可以看出，在岩层自重及其上方载荷作用下，综掘工作面整个空顶区域内的直接顶板均发生不同程度的挠曲下沉，且一边简支三边固支空顶区顶板的不均匀沉降主要呈现以下特征：

（1）空顶区顶板的垂直位移由四周边缘向中心区域逐步增大，即靠近空顶区几何中心附近的下沉最为明显，但整体下沉量不大。

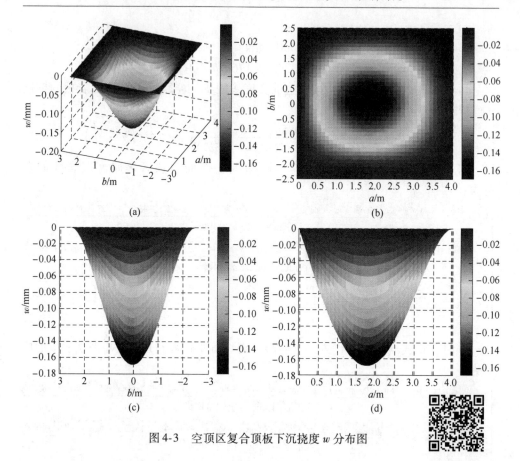

图 4-3　空顶区复合顶板下沉挠度 w 分布图

图 4-3 彩图

（2）沿巷道宽度方向上，由于顶板两端受到巷帮的约束作用具有一致性，所以顶板下沉挠度曲线以巷道中心线为轴具有完全对称性，且最大下沉点位于巷道中心处。

（3）沿巷道轴向方向上，由于迎头处顶板边缘设为固定约束而与支护区相邻处顶板边缘设为简支约束，边界条件的不同导致空顶范围内顶板的下沉挠度具有非对称性，即最大下沉点稍微偏向于支护区。

由图 4-4 可以看出，在岩层自重及其上方载荷作用下，综掘工作面空顶区顶板内的 σ_x 主要呈现以下特征：

（1）空顶区顶板各点所受的 σ_x 具有显著的不均匀性，空顶区顶板的几何中心附近及掘进迎头处所受的 σ_x 较其他区域大。

（2）受两帮约束一致性影响，σ_x 沿巷道宽度方向上具有对称性，且峰值处于巷道中心处。

（3）因迎头处顶板边缘与支护区相邻处顶板边缘的约束条件不同，导致 σ_x 在沿巷道轴向方向上不具备对称性，即在掘进迎头附近顶板内形成一定宽

度的拉应力区且其 σ_x 最大值位于迎头处，从而使顶板形成的压应力区整体偏向于支护区，则该区域顶板的 σ_x 极值略微偏向于支护区。

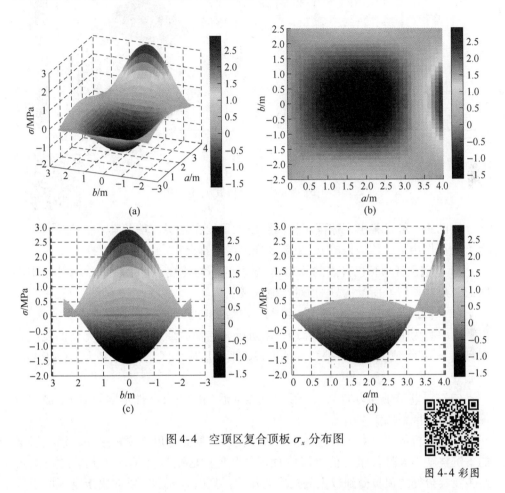

图 4-4　空顶区复合顶板 σ_x 分布图

图 4-4 彩图

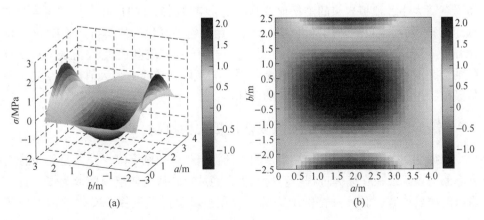

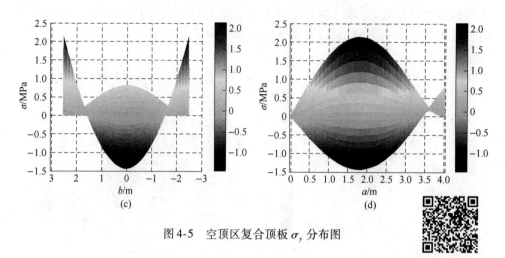

图 4-5　空顶区复合顶板 σ_y 分布图

图 4-5 彩图

由图 4-5 可以看出，综掘工作面空顶区顶板在岩层自重及其上方载荷作用下，顶板内的 σ_y 主要表现出以下特点：

（1）空顶区顶板内各点的 σ_y 具有显著的不均匀性，空顶区顶板的几何中心附近及煤巷两帮处所受的 σ_y 相对其他区域较大。

（2）因两帮处约束条件完全相同，所以沿巷道宽度方向上各点所受的 σ_y 均以巷道中心为轴对称分布，即除迎头附近外，巷帮边缘处形成一定宽度的拉应力区且其 σ_y 最大值位于巷帮处，其他区域则形成压应力区且其 σ_y 最大值位于巷道中心处。

（3）沿巷道轴向方向上，空顶区顶板前后端因约束条件不同导致 σ_y 最大值偏向于支护区一侧。

综上分析可知，对于一边简支三边固支的综掘面空顶区顶板来说，顶板岩层的下沉挠度不大且其最大值处于空顶区的几何中心附近（偏向于支护区一侧），迎头及巷帮处的顶板受到较大的拉应力作用，且应力大小主要取决于空顶区顶板所受载荷大小、顶板岩层的泊松比及其厚度、空顶区的几何尺寸（掘进宽度与空顶距离），而与顶板岩层的弹性模量无关。由于空顶区顶板岩体抗压强度 σ_c、抗拉强度 σ_t 和抗剪强度 τ 满足的基本关系为 $\sigma_c > \tau > \sigma_t$，空顶区等厚薄层岩板某点处的应力值一旦超过其极限抗拉强度 $[\sigma_t]$，岩板将在该应力最大值点处率先出现拉裂隙，进而导致整个空顶区顶板的破坏。

4.3　矩形断面综掘煤巷空顶区复合顶板失稳机制

综掘期间受开挖卸载影响，巷道围岩的稳定程度急剧下降，尤其是处于悬空状态的空顶区顶板在综掘过程中容易发生失稳冒落，从而使空顶区成为煤矿冒顶事故的高发区域，而具有特殊结构的复合顶板煤巷掘进过程中发生冒顶更为普遍。开展空顶区复合顶板的变形规律研究对揭示空顶区复合顶板的变形破坏机理及预防冒顶事故的高频发生具有重大意义。

随着掘进工作面的不断推进，巷道前方的掘进扰动区将逐步过渡到空顶区，在此期间，顶板的稳定状态也随其所处空间区域的不同而不断发生变化：（1）当顶板岩层处于原岩区时，在三向应力作用下顶板岩层处于相对稳定状态。（2）当顶板岩层进入掘进扰动区后，其随着工作面前方煤体的逐步开挖而先后经历若干次的应力增高和应力降低阶段，在反复加载或卸载作用下，岩体内部的原生裂隙得以扩展，甚至萌生新的裂隙，岩体的力学性能明显弱化，完整性遭到破坏；同时，一定距离范围内的扰动区顶板岩层逐步出现不均匀沉降，由于尚未失去下方煤体的有效支撑，顶板岩层能保持稳定。（3）顶板岩层再由掘进扰动区进入空顶区后，围岩应力的重新分布使空顶区及其周边一定范围内顶板的受力发生显著改变。巷道空顶区顶板因完全失去下方煤体对其的支撑作用而处于悬空状态；两帮及掘进迎头上方的顶板均受到损伤煤体的支撑作用；因空顶区后方与支护区相邻，所以支护区的加固顶板对与其相邻的空顶区顶板能起到一定的约束作用。最终，下方支撑力的完全丧失或减弱导致空顶区及其周边一定范围内顶板的稳定性显著降低，易产生变形，甚至失稳垮冒。

综上所述，矩形断面综掘煤巷空顶区顶板的变形失稳过程大体上可分为两个阶段，即悬空前阶段和悬空阶段。悬空前顶板虽受掘进扰动影响而产生一定程度的损伤，但一般不会给施工安全带来直接威胁；顶板一旦悬空，变形加剧，甚至失稳而造成冒顶事故，空顶区则成为巷道顶板事故的频发区域。因此，弄清空顶区顶板的变形失稳机理是对巷道掘进施工参数（循环步距、截割工艺）进行合理设计的根本前提，而掘进施工参数的合理性不仅影响顶板的稳定程度及施工安全，而且关系到巷道掘进速度的提升幅度。

层状复合顶板通常具有层理发育及各分层岩层厚度小、分层间黏结力低等典型赋存特征，其结构类似于由若干层薄层岩板叠合在一起形成的叠合板结构，此类顶板自身的抗变形能力相对较弱。当扰动区内已遭受一定程度损伤的层状复合顶板因掘进落煤而进入悬空阶段，空顶区复合顶板下方完全失去煤体的支撑，仅顶板边缘受到下方损伤煤体的支撑和支护区加固顶板对其产生的约束，从而导致空顶区复合顶板的自稳能力进一步下降，通常难以形成长期稳定的自承载结构。

当空顶区复合顶板下位若干层薄层岩板裂隙发育且扩展充分时，往往在掘进落煤过程中，下位损伤严重的岩层易与上位较完整岩层产生分离，并在自重作用下发生漏冒。当空顶区复合顶板的完整性和连续性完好时，在高水平应力及岩层自重的复合作用下，顶板不可避免地产生挠曲下沉，岩层中裂隙的萌生、扩展将更加充分，如图4-6(a)所示。由于空顶区顶板四周边缘受到下方的约束具有不对称性，尤其是支护加固顶板对空顶区顶板后端的约束作用比迎头前方煤体对空顶区顶板前端的支撑作用要弱，所以空顶区顶板沿巷道掘进方向的挠曲变形也不完全对称，挠曲最大值往往不在空顶顶板的中心处，而在巷道轴向上存在一定的偏向性。在产生挠曲下沉的空顶区复合顶板中，岩层层间的剪应力一旦超过层间的剪切阻抗，剪切作用将导致岩层层间出现剪切错动。与此同时，几何参数及物理力学性能的差异使各分层岩层呈现不同的抗弯刚度，进而导致各分层岩层的最大下沉挠度各不相同，若下位岩层的下沉挠度不大于上位岩层的下沉挠度，相邻岩层间未离层或离层不明显，反之，相邻岩层间产生离层，如图4-6(b)所示。

(a)   (b)

图4-6 空顶区复合顶板变形特征
(a) 挠曲下沉；(b) 离层

空顶区复合顶板挠曲下沉和剪切错动期间，弯曲岩板下表面产生较大拉应力的同时，受支护加固顶板约束及巷帮、迎头煤体支撑的顶板四周边缘产生较大的剪切作用力。当空顶区任意部位顶板岩层内部产生的拉应力超过其自身的极限抗拉强度时，顶板将率先在该部位发生拉破坏；当空顶区顶板边缘附近产生的剪应力超过顶板岩层的抗剪强度时，顶板将发生剪切破坏。空顶区局部岩层发生拉破坏或剪切破坏后会快速波及影响到相邻区域岩层的稳定，甚至引起整个空顶区顶板的冒落。

在特定的工程地质条件下，空顶区薄层岩板的受力状态随空顶距（空顶面积）大小的改变而变化，同理，掘进循环步距随空顶距的加大而增多后，顶板的空顶时间将相应延长，若空顶距离过大或空顶时间过长，空顶区顶板容易失稳漏冒。因此，空顶区复合顶板的稳定程度跟掘进施工参数密切相关，合理设计掘进施工参数是防止空顶区复合顶板冒顶的关键。

4.4 矩形断面综掘煤巷空顶距的确定及其影响因素

大量的工程实践表明，巷道开掘后围岩的损伤程度由浅至深逐渐降低，空顶区顶板也呈现自下而上逐层垮冒的特征，直接顶的稳定程度直接反映了空顶区顶板的整体稳定性，所以保证空顶区顶板稳定性的关键在于对直接顶的稳定控制，然而，空顶区仅仅依靠临时支护难以从根本上消除顶板下沉带来的威胁。总体来看，综掘工作面空顶区顶板的稳定性不仅关乎掘进施工的安全性，而且会严重影响巷道的掘进速度。由空顶区等厚薄层岩板的应力计算公式可知，特定工程地质条件下空顶区顶板的稳定性在很大程度上取决于空顶区长度（空顶距）的大小，因此，探究合理的空顶距及其影响因素对实现煤巷安全、快速掘进具有重要意义。

4.4.1　矩形断面综掘煤巷空顶距的确定

矩形断面综掘工作面空顶区顶板稳定规律表明，空顶区顶板岩层在巷帮处的上表面$(z = -t/2)$产生最大拉应力，因此，可以依据应力计算式（4-26）计算出空顶区顶板各点处的应力值，当应力最大值$\sigma_{\max}$不大于顶板岩层的抗拉强度$[\sigma_t]$时，空顶区顶板将保持稳定，换言之，若令$\sigma_{\max} = [\sigma_t]$，便可求得综掘工作面的极限空顶距离$a$。

针对赵庄矿53122回风巷工程地质条件，选取煤巷掘进宽度b为5.0m，空顶区薄层顶板厚度t为0.5m，所受载荷q大小为0.1MPa，顶板岩层的抗拉强度和泊松比分别为2.84MPa和0.28，通过计算得出该巷掘进时的极限空顶距a为4.64m。在此需说明的是，理论计算值是在将迎头及空顶区范围内煤帮对顶板的支撑视为刚性支撑，未考虑掘进施工对顶板岩层完整性影响，忽略了支护区支护强度大小对空顶区顶板稳定性的影响及空顶时间等条件下获得的，因此煤巷掘进施工过程中，结合具体工程背景进而考虑一定的安全因数是确保空顶区顶板稳定的关键。赵庄矿53122回风巷在掘进期间采用的空顶距为2.4m，安全因数大于1.9，施工过程中未出现空顶区顶板失稳现象。

4.4.2　矩形断面煤巷空顶距影响因素敏感性分析

为了探究各因素对矩形断面综掘煤巷空顶距的影响，结合赵庄矿53122回风巷掘进工作面的工程地质条件，应用"控制变量法"将相应参数代入一边简支、三边固支薄板应力计算公式进行运算，从而研究矩形断面综掘工作面极限空顶距随巷道掘进宽度b、顶板岩层厚度t及顶板岩层所受载荷q的变化规律。

4.4.2.1　极限空顶距与巷道掘进宽度的关系

选取矩形断面综掘煤巷空顶区顶板厚度为0.5m，顶板泥岩泊松比为0.28，顶板所受载荷为0.1MPa，依次设定巷道掘进宽度为3.5m、4.0m、4.5m、5.0m及5.5m，由式（4-26）计算得出综掘工作面极限空顶距与巷道掘进宽度的关系如图4-7所示。

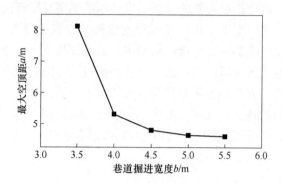

图 4-7　极限空顶距随巷道掘进宽度变化关系图

由图 4-7 可知，在其他条件保持不变的情况下，极限空顶距随着巷道掘进宽度的增大而减小，且当巷道掘进宽度不超过 5.0m 时，极限空顶距受掘进宽度的影响较为显著，尤其是巷道掘进宽度由 3.5m 增大至 4.0m 时，极限空顶距则由 8.1284m 减小至 5.3115m，减小了约 34.66%。

4.4.2.2　极限空顶距与顶板岩层厚度的关系

选取复合顶板煤巷掘进宽度为 5.0m，空顶区顶板泥岩泊松比为 0.28，顶板所受载荷为 0.1MPa，依次设定顶板岩层厚度为 0.1m，0.15m，0.2m，…，0.7m，由式（4-26）计算得出矩形断面综掘工作面极限空顶距与顶板岩层厚度的关系如图 4-8 所示。

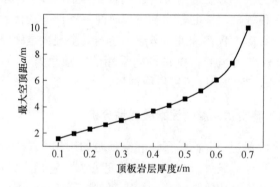

图 4-8　极限空顶距随顶板岩层厚度变化关系图

由图 4-8 可知，对于层状复合顶板煤巷来说，矩形断面综掘工作面极限空顶距随着空顶区顶板岩层厚度的增加而增大，且不同岩层厚度范围内极限空顶距的增幅存在较大差异。其中，岩层厚度由 0.1m 增加至 0.4m 时，极限空顶距随岩层厚度增加而增大的幅度较小；而岩层厚度由 0.4m 增加至 0.7m 时，极限空顶距随岩层厚度增加而增大的幅度明显加剧。

4.4.2.3 极限空顶距与顶板上覆载荷的关系

选取复合顶板煤巷掘进宽度为 5.0m，空顶区顶板厚度为 0.5m，顶板泥岩泊松比为 0.28，依次设定顶板所受载荷为 0.05MPa、0.075MPa、0.1MPa、0.125MPa、0.150MPa、0.175MPa 及 0.2MPa，由式（4-26）计算得出矩形断面综掘工作面极限空顶距与顶板上覆载荷的关系如图 4-9 所示。

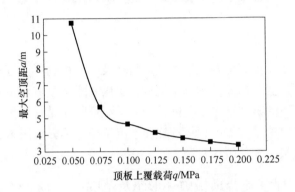

图 4-9　极限空顶距随顶板上覆载荷变化关系图

由图 4-9 可知，随着空顶区顶板岩层自重及其上覆载荷的增加，矩形断面综掘工作面极限空顶距呈现减小的趋势，但其降幅随顶板上覆载荷的增大而减小，且以载荷由 0.05MPa 增加至 0.1MPa 时最为明显。

4.5　本章小结

（1）针对矩形断面综掘煤巷空顶区复合顶板受力条件，建立一边简支三边固支的薄板力学模型，运用弹性力学理论解出空顶区薄板任一点的挠度与应力公式，并分析了空顶区复合顶板的变形特征与失稳机制。

（2）根据空顶区顶板上表面应力的理论计算值，依据拉应力破坏准则确定出赵庄矿综掘煤巷极限空顶距不超过 4.64m；空顶距随巷宽和上覆载荷的增大而减小，空顶距随空顶区顶板岩层厚度的增加而增大。

5 矩形断面综掘煤巷支护区复合顶板失稳机制研究

掌握矩形断面支护区复合顶板的变形特征及破坏机制可为围岩支护参数的合理设计提供重要依据。因此，本章系统分析了煤巷复合顶板在垂直载荷和水平构造应力复合作用下的破坏形态及范围；构建了矩形断面煤巷支护区顶板的弹性地基梁力学模型，讨论了支护区顶板的挠曲下沉特征及其影响因素，揭示了矩形断面支护区复合顶板的变形破坏机制。

5.1 矩形断面煤巷复合顶板破坏形态及范围

具有分层厚度小、节理裂隙发育及层间黏结力弱等显著特征的层状复合顶板煤巷开挖后，顶板不同层位岩层的受力状态均发生显著变化，且受力状态由浅部的二向逐渐恢复至深部的三向，自稳能力较弱的下位岩层开始发生挠曲变形，岩层内产生新的裂隙，承载能力逐渐降低。随着矿山压力的进一步增大，顶板岩层的下沉挠曲进一步加剧，同时，由于各分层岩层抗弯刚度及受力状态存在较大的差异，所以顶板岩层由下至上逐渐出现离层现象。由于顶板岩层弯曲下沉过程中，岩层下表面承受的拉应力及巷道肩角处承受的剪应力逐渐增大，最终导致顶板岩层自下而上渐次破坏垮冒，直到某一高度位置为止，且垮冒后形成类拱形结构，即自然平衡拱，矩形断面煤巷复合顶板渐进式破坏过程如图 5-1 所示。矩形断面煤巷复合顶板的自然平衡拱形成以后，当受到顶板岩层强度弱化、煤帮支撑能力减弱、垂直载荷及水平应力变化等因素变化影响，自然平衡拱可能逐步演化为隐形平衡拱或扩展隐形平衡拱。矩形断面煤巷复合顶板平衡拱结构如图 5-2 所示。

图 5-1　煤巷复合顶板渐进变形破坏过程

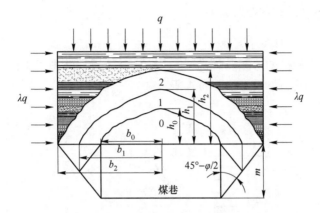

图 5-2 矩形断面煤巷复合顶板平衡拱示意图
0—自然平衡拱；1—隐形平衡拱；2—扩展隐形平衡拱

矩形断面煤巷复合顶板的变形破坏过程通常包括以下几个阶段：

（1）矿山巷道开挖卸载后，复合顶板下部岩层的受力状态由原来的三向受压状态进入二向受压状态，顶板所受应力发生重新分布，顶板岩层进入弹性变形阶段，发生一定程度的挠曲变形，软弱夹层在此时会出现拉裂。

（2）若不及时支护，复合顶板应力进一步释放，顶板在垂直载荷和水平载荷的共同作用下，挠曲变形进一步加剧，软弱夹层发生渐进式破坏，在复合顶板跨中处开始出现裂纹；与此同时，在巷道两帮与顶板肩部位置处的岩体所受压应力高度集中，最终由于压应力及应变过大而导致帮部岩层出现片帮滑落，形成不同形式的片帮，失去承载上部复合顶板的能力。

（3）随着复合顶板下部岩层的进一步拉裂和帮部岩体片帮，复合顶板各岩层在垂直地层载荷作用下挠度越来越大，顶板各层岩体的裂纹迅速扩张、贯通直至最终破坏，顶板岩体逐层向上垮落后形成不同形态和矢高的平衡拱。

由图 5-2 可知，在水平构造应力和垂直地层载荷共同作用下，矩形断面煤巷复合顶板隐形平衡拱和扩展隐形平衡拱的形态与自然平衡拱的形态类似，仅矢高及拱跨有所差异。复合顶板变形破坏并冒落至一定阶段时形成初始自然平衡拱，该平衡拱形成后应当及时采取人为支护，否则该平衡拱将进一步冒落最终形成极限平衡拱，为便于分析，将平衡拱轨迹线简化为光滑曲线，如图 5-3 所示。

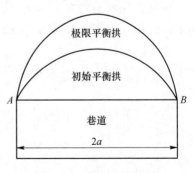

图 5-3 不同稳定状态下的
顶板平衡拱形态

5.1.1 自然平衡拱的形态及矢高

5.1.1.1 初始自然平衡拱

初始自然平衡拱的形态及矢高[219]：将复合顶板自然平衡拱的左半部分作为研究对象，建立其力学模型如图5-4所示。

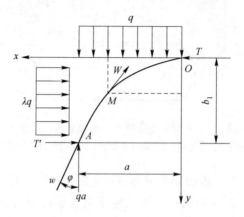

图 5-4   初始平衡拱力学计算模型

在平衡拱上任取一点 $M(x, y)$，以 OM 为研究对象，由于平衡拱轴线不能承受拉力，则所有外力对 M 点的弯矩应为零，则有：

$$Ty - qx \frac{x}{2} - \lambda qy \frac{y}{2} = 0 \tag{5-1}$$

式中，T 为拱顶所受水平切力；λ 为水平侧压力系数。

整个左半拱在水平 x 轴方向受力平衡，则有：

$$T - \lambda qb_1 - T' = 0 \tag{5-2}$$

式中，b_1 为自然平衡拱矢高；T' 为拱脚所受水平切力。

拱脚 A 受水平切力 T' 和垂直反力 qa 的作用，二者合力为 W。在水平 x 轴方向上，拱脚 A 要维持稳定必须满足：

$$KT' - qaf = 0 \tag{5-3}$$

式中，K 为安全因数；f 为复合顶板下部岩层与两帮界面上的摩擦系数；a 为巷道半宽。

由式（5-1）~式（5-3）可得两帮稳定时复合顶板自然平衡拱的方程：

$$x^2 + \lambda y^2 - 2\left(\lambda b_1 + \frac{fa}{K}\right)y = 0 \tag{5-4}$$

下面讨论不同水平构造应力下的复合顶板自然平衡拱形态及其矢高。

（1）当 $\lambda = 0$ 时，由式（5-4）可得：

$$y = \frac{K}{2af}x^2 \tag{5-5}$$

式（5-5）表明在无侧压力时，两帮稳定条件下复合顶板自然平衡拱的方程仍为一抛物线。当 $x=a$、$K=2$ 时，初始自然平衡拱的矢高 b_1 为：

$$b_1 = \frac{2a^2}{2af} = \frac{a}{f} \tag{5-6}$$

（2）当 $0<\lambda<1$ 或 $\lambda>1$ 时，由式（5-4）可得：

$$\begin{cases} \dfrac{x^2}{\lambda m_1^2} + \dfrac{(y-m_1)^2}{m_1^2} = 1 \\[2mm] m_1 = b_1 + \dfrac{af}{\lambda K} \end{cases} \tag{5-7}$$

由式（5-7）可知，自然平衡拱的形态为椭圆。由于垂直地应力的作用将引起巷道两帮发生变形，而水平地应力主导顶底板的变形。因此，当侧压力系数 $\lambda<1$ 时，由垂直地应力主导顶板变形的发生，一定范围内的顶板岩层在垂直地层载荷下出现较大的塑性破坏范围，形成竖直方向的椭圆状初始平衡拱；反之，当侧压力系数 $\lambda>1$ 时，水平构造应力起主导作用，顶板上部一定范围内的岩层在垂直地层载荷下出现较小的塑性破坏范围，形成水平方向的椭圆状初始平衡拱。

自然平衡拱的水平半轴长为 $\sqrt{\lambda}m_1$，竖直半轴长为 m_1，中心为 $(0, m_1)$，其位于顶板 AB 的下方，与顶板 AB 的距离 d_1 为：

$$d_1 = m_1 - b_1 = \frac{af}{\lambda K} \tag{5-8}$$

将 $x=a$、$y=b_1$ 代入式（5-4）得：

$$\lambda b_1^2 + \frac{2af}{K}b_1 - a^2 = 0 \tag{5-9}$$

式（5-9）是关于复合顶板自然平衡拱矢高 b_1 的二次方程，解之得：

$$b_1 = \frac{a\sqrt{(f/K)^2 + \lambda}}{\lambda} - \frac{af}{\lambda K} \tag{5-10}$$

进而得到

$$\frac{\mathrm{d}b_1}{\mathrm{d}K} = \frac{af}{\lambda K^2}\left[1 - \frac{1}{\sqrt{1 + \lambda/(f/K)^2}}\right] > 0 \tag{5-11}$$

由式（5-11）可看出，随着拱脚处稳定安全因数 K 的增加，椭圆状自然平衡拱的矢高 b_1 不断增大。反之，当垂直反力 qa 产生的摩擦力 qaf 一定时，平衡拱矢高 b_1 越大，拱脚越安全稳定。

（3）$\lambda=1$ 时，由式（5-4）可得：

$$\begin{cases} x^2 + (y - m_1)^2 = m_1^2 \\ m_1 = b_1 + \dfrac{af}{\lambda K} \end{cases} \tag{5-12}$$

这是一个圆的方程，圆心 $(0, m_1)$ 在顶板 AB 的下方，与顶板 AB 的距离 d_1 为：

$$d_1 = m_1 - b_1 = \frac{af}{\lambda K} \tag{5-13}$$

令式（5-10）中 $\lambda = 1$，即得到复合顶板初始平衡拱形态为圆弧时的拱高：

$$b_1 = a \left[\sqrt{\left(\frac{f}{K} \right)^2 + 1} - \frac{f}{K} \right] \tag{5-14}$$

式（5-14）表明，当拱脚处稳定安全因数 K 和综合摩擦系数 f 一定时，复合顶板平衡拱的矢高 b_1 与巷道设计半宽 a 呈正比例增长关系。

5.1.1.2　极限自然平衡拱

极限自然平衡拱的形态及矢高[30]：若采取的复合顶板平衡拱人为支护不及时，顶板将持续冒落，直至最终形成高形态倒壶状的极限自然平衡拱。如图 5-5 所示建立极限自然平衡拱左半部分力学分析模型。

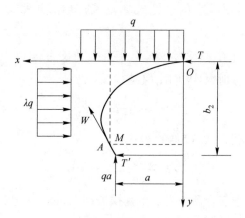

图 5-5　极限自然平衡拱力学计算模型

任取拱曲线上一点 $M(x, y)$，以 OM 为研究对象。对 M 点取力矩平衡方程仍可得式（5-1）。左半拱沿水平方向静力平衡，则有：

$$T - \lambda q b_2 + T' = 0 \tag{5-15}$$

由拱脚平衡可得：

$$KT' - qaf = 0 \tag{5-16}$$

式中，K 为安全因数；摩擦力 qaf 方向为负。

将式（5-15）和式（5-16）代入式（5-1）可得：

$$x^2 + \lambda y^2 - 2\left(\lambda b_2 - \frac{af}{K}\right)y = 0 \tag{5-17}$$

下面讨论不同侧压力系数下极限平衡拱的形态及其矢高：

（1）当 $\lambda = 0$ 时，由式（5-17）可得：

$$y = -\frac{Kx^2}{2af} \tag{5-18}$$

式（5-18）与无侧压条件下的普氏抛物线形自然平衡拱相似，其中 af 表示负方向的矢量。将 $x = a$、$y = b_2$、$K = 2$ 代入式（5-18）可得：

$$b_2 = -\frac{a}{f} > 0 \tag{5-19}$$

式（5-19）与普氏理论所得结论相吻合。

（2）当 $0 < \lambda < 1$ 或 $\lambda > 1$ 时，由式（5-17）可得

$$\begin{cases} \dfrac{x^2}{\lambda m_2^2} + \dfrac{(y - m_2)^2}{m_2^2} = 1 \\ m_2 = b_2 - \dfrac{af}{\lambda K} \end{cases} \tag{5-20}$$

由式（5-20）可知，极限平衡拱的水平半轴长为 $\sqrt{\lambda}m_2$，竖直半轴长为 m_2。当侧压力系数 $\lambda < 1$ 时，顶板极限平衡拱的形态为竖直方向的椭圆；当侧压力系数 $\lambda > 1$ 时，极限平衡拱的形态为水平方向的椭圆；椭圆中心为 $(0, m_2)$，其位于顶板 AB 的上方，与顶板 AB 的距离 d_2 为：

$$d_2 = b_2 - m_2 = \frac{af}{\lambda K} \tag{5-21}$$

将 $x = a$、$y = b_2$ 代入式（5-17）得：

$$\lambda b_2^2 - \frac{2af}{K}b_2 - a^2 = 0 \tag{5-22}$$

式（5-22）是关于复合顶板极限平衡拱矢高 b_2 的二次方程，解之得：

$$b_2 = \frac{a\sqrt{(f/K)^2 + \lambda}}{\lambda} + \frac{af}{\lambda K} \tag{5-23}$$

进而得到：

$$\frac{\mathrm{d}b_2}{\mathrm{d}K} = -\frac{af}{\lambda K^2}\left[1 + \frac{1}{\sqrt{1 + \lambda/(f/K)^2}}\right] < 0 \tag{5-24}$$

由式（5-24）可看出，椭圆状极限平衡拱的矢高 b_2 随拱脚处稳定安全因数 K 的增加而减小。反言之，在垂直反力 qa 所产生的摩擦力 qaf 一定的情况下，平衡拱矢高 b_2 越小，拱脚处越稳定安全。

（3）当 $\lambda = 1$ 时，由式（5-17）可得：

$$\begin{cases} x^2 + (y - m_2)^2 = m_2^2 \\ m_2 = b_2 - \dfrac{af}{\lambda K} \end{cases} \tag{5-25}$$

这是一个圆的方程，圆心 $(0, m_2)$ 在顶板 AB 的上方，与顶板 AB 的距离 d_2 为：

$$d_2 = b_2 - m_2 = \frac{af}{\lambda K} \tag{5-26}$$

令式 (5-23) 中 $\lambda = 1$，即得到复合顶板极限平衡拱形态为圆弧时的拱高：

$$b_2 = a \left[\sqrt{\left(\frac{f}{K}\right)^2 + 1} + \frac{f}{K} \right] \tag{5-27}$$

式 (5-27) 表明，处于静水压力状态的矿山巷道围岩，当拱脚处的稳定安全因数 K 和综合摩擦系数 f 一定时，复合顶板平衡拱的矢高 b_2 与巷道设计半宽 a 仍然呈正比例关系。

5.1.2　隐形平衡拱和扩展隐形平衡拱的形态及矢高

当煤巷帮部失稳时，巷道有效跨度如图 5-6 所示。此时，煤巷复合顶板自然平衡拱将逐步演变为隐形平衡拱和扩展隐形平衡拱[30]。

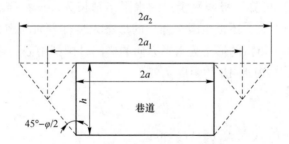

图 5-6　不同平衡拱下的巷道有效跨度

由图 5-6 可知，矩形断面煤巷复合顶板隐形平衡拱和扩展隐形平衡拱的有效跨度为：

$$\begin{cases} a_1 = a + \dfrac{h}{2}\tan\left(45° - \dfrac{\varphi}{2}\right) \\ a_2 = a + h\tan\left(45° - \dfrac{\varphi}{2}\right) \end{cases} \tag{5-28}$$

式中，h 为煤巷高度，m；a 为煤巷半宽，m；a_1 为隐形平衡拱半跨，m；a_2 为扩展隐形平衡拱的半跨，m；φ 为巷帮煤体的内摩擦角，(°)。

在计算得出有效跨度的基础上，参照自然平衡拱形态及矢高的分析过程，可求出在水平构造应力和垂直地层载荷联合作用下煤巷复合顶板的隐形平衡拱和扩展隐形平衡拱的形态与矢高，在此不再赘述。

5.2 矩形断面煤巷支护区复合顶板挠曲变形规律

5.2.1 支护区顶板挠曲变形力学模型的建立

依据矩形断面煤巷的工程特性建立合理的力学模型是对煤巷顶板进行稳定性分析的重要途径之一。由于煤巷跨度远小于其走向长度，所以将顶板简化为梁结构成为国内外学者理论分析支护区顶板稳定性时普遍采用的力学模型，且多将梁支座视为刚性体而构建简支梁或固支梁力学模型。然而，矩形断面煤巷开挖后帮部重新分布的支承压力因煤体强度不同而呈现出不同的分布形式，如图5-7所示。

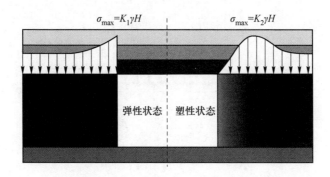

图 5-7 煤帮支承压力分布的基本特征

当煤体强度足够高时，支承压力峰值处于巷帮边缘，此时仍处于弹性状态的煤帮可为顶板提供强有力的支撑；而对于绝大多数复合顶板煤巷来说，因煤体自身的极限强度不足以抵抗围岩应力而使煤帮产生塑性破坏，进而导致支承压力峰值逐渐向应力状态更好的深部煤体转移，应力最终达到新的平衡状态时，巷帮一定深度内的煤体应力将处于极限平衡状态，遭受损伤的浅部煤体对顶板的支撑能力将大幅减弱。由此可知，不同应力状态下巷帮煤体将产生不同程度的变形破坏，最终导致不同变形状态下的巷帮对顶板产生不同的支撑作用，因此，刚性支座模型的应用合理性很大程度上取决于巷道围岩条件。当巷帮煤体强度高、稳定性和完整性保持较好时，将顶板岩梁的支座简化为刚性体能较真实反映顶板的受力状态。而对于巷帮煤体发生明显塑性变形的煤巷，采用刚性支座模型则难以客观反映巷帮煤体的变形状态及其对顶板的支撑状态。

对于巷帮已产生显著塑性变形的赵庄矿回采巷道来说，将顶板简化为受可变形基础支撑的岩梁力学模型更能体现巷帮的变形特性及顶板的受力状态，从而为支护区顶板变形规律、失稳机理及控制技术的深入研究提供可靠保证。煤巷综掘期间，除原岩区外，其他区域巷道的围岩应力均受掘进影响而发生重新分布，处于掘进迎头后方支护区的围岩应力状态改变则更加显著。巷道顶板离层卸压期间应力逐步转移至巷帮并在一定深度范围内形成集中现象，应力集中范围内煤体所受的垂直应力不断增加，而水平应力大幅降低，主应力差值的增大易导致巷帮煤体发生变形破坏，且变形破坏由巷帮浅部逐步向巷帮深部扩展。煤体的变形破坏必然使巷帮对顶板的支撑作用减弱，因此，通过构建梁结构力学模型对大断面全煤巷道的顶板稳定性进行理论分析时，针对两帮松软煤体的工程力学特性，将巷帮简化为顶板岩梁的文克尔基础，并考虑到水平矩形巷道在结构上具有对称性，建立如图 5-8 所示的矩形断面综掘煤巷支护区顶板的弹性地基梁力学模型。

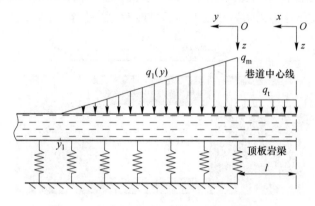

图 5-8　支护区顶板的弹性地基梁力学模型

　　鉴于煤巷支护区顶板的变形破坏源自开挖扰动影响，同时为便于对支护区顶板弯曲变形规律进行理论分析，特将综掘煤巷支护区顶板弹性地基梁力学模型作以下假设：

　　（1）复合顶板煤巷开掘后，巷道正上方顶板岩梁的作用载荷仅为上覆岩层的部分岩层载荷，根据顶板的层状分布特征，顶板岩梁所承受的均布载荷 q_t 为：

$$q_t = \frac{E_1 h_1^3 (\gamma_1 h_1 + \gamma_2 h_2 + \cdots + \gamma_n h_n)}{E_1 h_1^3 + E_2 h_2^3 + \cdots + E_n h_n^3} \tag{5-29}$$

式中，E_n 为煤巷上方第 n 层顶板岩层的弹性模量，GPa；γ_n 为煤巷上方第 n 层顶板岩层的体积力，kN/m³；h_n 为煤巷上方第 n 层顶板岩层的厚度，m。

　　（2）忽略巷帮边缘（破裂区和塑性区）煤体塑性破坏及应力降低对弹性地基的影响，将巷帮弹性地基的基床系数设定为恒定常数来处理，即巷帮不同位置处具有相同的基床系数，且可表示为：

$$k = \frac{p(x)}{w(x)} = 常数 \tag{5-30}$$

式中，k 为基床系数，kN/m³；$p(x)$ 为弹性地基的载荷集度，kN/m²；$w(x)$ 为弹性地基的下沉挠度，m。

　　在平面应变条件下，巷帮弹性地基的基床系数 k 可通过巷帮煤体的力学参数及厚度来确定，则式（5-30）可转换为：

$$k = 常数 = \frac{E_{\mathrm{m}}}{(1-\mu_{\mathrm{m}})h_{\mathrm{m}}} \tag{5-31}$$

式中，E_{m} 为巷帮煤体的弹性模量，GPa；h_{m} 为巷帮煤体的厚度，m；μ_{m} 为巷帮煤体的泊松比。

（3）原岩应力对弹性基础梁所产生的整体变形被相互抵消，顶板岩梁所受载荷仅为垂直应力增量，且将垂直应力增量视为线性载荷 $q_1(y)$，最小载荷为 0 且位于巷帮的应力影响边界处，即 y_1 处；最大载荷 q_{m} 位于弹性地基边界处且可由式（5-32）求得：

$$q_{\mathrm{m}} = (K-1)\gamma H \tag{5-32}$$

式中，K 为最大应力集中因数；H 为煤巷的埋深，m；γ 为上覆岩层的平均容重，$\mathrm{kN/m^3}$。

5.2.2 支护区顶板挠曲变形典型特征

5.2.2.1 支护区顶板弹性地基梁模型力学解析

根据支护区顶板所受载荷的不同，将综掘煤巷支护区顶板弹性地基梁的挠曲微分方程分为两部分（巷内部分和巷帮部分）予以计算，可得到以下微分方程组：

$$\begin{cases} EI\dfrac{\mathrm{d}^4 w(x)}{\mathrm{d}x^4} = q_{\mathrm{t}} & (0 \leqslant x \leqslant l) \\ EI\dfrac{\mathrm{d}^4 w(y)}{\mathrm{d}y^4} - kw(y) = q_1(y) & (0 \leqslant y \leqslant y_1) \end{cases} \tag{5-33}$$

首先，对巷内部分的挠度微分方程（式（5-33）中的第一式）进行求解，可得到该部分顶板挠度的通解为：

$$w(x) = \frac{q_{\mathrm{t}}}{24EI}x^4 + Ax^3 + Bx^2 + Cx + D \tag{5-34}$$

式中，A、B、C、D 分别为未知量。

其次，根据式（5-33）中的第二式可知，巷帮部分的挠度微分方程的齐次形式如下：

$$EI\frac{\mathrm{d}^4 w(y)}{\mathrm{d}y^4} - kw(y) = 0 \tag{5-35}$$

进而可得到该部分顶板挠度变形齐次方程的通解为：

$$\begin{cases} w(y) = \mathrm{e}^{\lambda y}(A'\cos\lambda y + B'\sin\lambda y) + \mathrm{e}^{-\lambda y}(C'\cos\lambda y + D'\sin\lambda y) \\ \lambda = \sqrt[4]{\dfrac{k}{4EI}} \end{cases} \tag{5-36}$$

式中，A'、B'、C'、D' 分别为未知量。

为方便计算，采用初参数 y_0、θ_0、M_0、Q_0 代替式（5-36）中的未知参量 A'、B'、C'、D' 可得：

$$\omega(y) = y_0\varphi_1 + \theta_0 \frac{1}{\lambda}\varphi_2 - M_0 \frac{1}{EI\lambda^2}\varphi_3 - Q_0 \frac{1}{EI\lambda^3}\varphi_4 \tag{5-37}$$

其中：

$$\begin{cases} \varphi_1 = \mathrm{ch}\lambda y\cos\lambda y \\[2mm] \varphi_2 = \frac{1}{2}(\mathrm{ch}\lambda y\sin\lambda y + \mathrm{sh}\lambda y\cos\lambda y) \\[2mm] \varphi_3 = \frac{1}{2}(\mathrm{sh}\lambda y\sin\lambda y) \\[2mm] \varphi_4 = \frac{1}{4}(\mathrm{ch}\lambda y\sin\lambda y - \mathrm{sh}\lambda y\cos\lambda y) \end{cases}$$

已知巷帮部分顶板的载荷形式如下：

$$q_1(y) = q_m - k_m y \tag{5-38}$$

式中，k_m 为模型中线性分布载荷 $q(x)$ 的斜率。由此可得到该部分顶板的挠度修正项为：

$$w'(y) = \frac{q_m}{k}(\varphi_1 - 1) - \frac{k_m}{k}\left(y + \frac{\varphi_2}{\lambda}\right) \tag{5-39}$$

因此，矩形断面综掘煤巷支护区巷帮部分顶板的挠度可表示为：

$$w(y) = y_0\varphi_1 + \theta_0 \frac{1}{\lambda}\varphi_2 - M_0 \frac{1}{EI\lambda^2}\varphi_3 - Q_0 \frac{1}{EI\lambda^3}\varphi_4 + \frac{q_m}{k}(\varphi_1 - 1) - \frac{k_m}{k}\left(y + \frac{\varphi_2}{\lambda}\right)$$

$$\tag{5-40}$$

最后，根据支护区顶板弹性地基梁的边界条件（式（5-41））和连续性条件（式（5-42）），求解出巷内部分与巷帮部分顶板挠度方程中的所有未知参量，进而可求得综掘煤巷支护区顶板的下沉挠度。

其中，巷帮部分顶板弹性地基梁所满足的边界条件为：

$$\begin{cases} w(y)\big|_{y=y_1} = 0, \theta_0(y)\big|_{y=y_1} = 0 \\[2mm] M_0(y)\big|_{y=y_1} = 0, Q_0(y)\big|_{y=y_1} = 0 \end{cases} \tag{5-41}$$

矩形断面综掘煤巷支护区顶板弹性地基梁两部分（巷内部分和巷帮部分）的挠曲微分方程之间满足的连续性条件为：

$$\begin{cases} w(x)\big|_{x=l} = w(y)\big|_{y=0}, \theta_0(x)\big|_{x=l} = \theta_0(y)\big|_{y=0} \\[2mm] M_0(x)\big|_{x=l} = M_0(y)\big|_{y=0}, Q_0(x)\big|_{x=l} = Q_0(y)\big|_{y=0} \end{cases} \tag{5-42}$$

式中，l 为巷道的半宽，m。

5.2.2.2　支护区顶板挠曲变形基本特征

基于上述矩形断面煤巷顶板弹性地基梁力学模型，结合赵庄矿 53122 回风巷的工程地质条件，系统研究矩形断面综掘煤巷支护区顶板的弯曲变形特征。

53122 回风巷埋深约为 400m，煤巷沿煤层（煤层平均厚度为 4.79m）顶板掘进，断面形状为矩形及其掘进尺寸为 5000mm×4500mm（宽×高）。煤巷直接顶为 3.87m 厚的薄层状泥岩；老顶为 2.60m 厚的砂质泥岩。理论计算时，参照第 2 章选取煤层及顶板岩层的力学参数，经折减后分别代入式（5-29）和式（5-31），求得支护区顶板岩梁所承受的均布载荷 q_z 及其基床系数 k 分别为 0.095MN/m² 和 0.6558GN/m³；煤巷掘进期间不受相邻采煤工作面的扰动影响，巷帮边缘处的应力集中因数 K 取为 2，则由式（5-32）得巷帮边缘处的应力增量 q_m 为 10MPa，而应力影响边界设定在远离巷帮边缘 5 倍煤巷半宽的位置处，即 $y_1 = 12.5$m。运用 MATLAB 软件对综掘煤巷支护区顶板弹性地基梁模型进行力学求解并代入上述相关参数，从而获得赵庄矿 53122 回风巷支护区顶板下沉挠度分布，如图 5-9 所示。

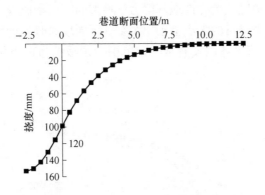

图 5-9　支护区顶板的下沉挠度分布

由图 5-9 可知，矩形断面综掘煤巷支护区弹性地基梁结构的顶板发生挠曲下沉的范围远远超过掘进宽度，意味着除了巷道正上方顶板会发生挠曲变形外，在一定范围内处于巷帮煤体上方的顶板也发生了弯曲下沉，且顶板下沉在巷帮处是连续的。支护区煤巷横断面上顶板的弯曲下沉值由巷帮煤体深部向巷道中心逐渐增大，即顶板弯曲下沉的最大值位于巷道中心处，赵庄矿 53122 回风巷支护区巷帮边缘处与巷道中心处顶板的下沉挠度分别为 98.98mm 和 153.36mm，则巷道中心处顶板比巷帮边缘处顶板的下沉挠度增大了 54.94%。

综上分析可知，巷道开掘支护后其围岩的应力状态将发生改变，应力重新调整过程中在巷帮一定范围内形成集中现象，从而使巷道不同区域顶板呈现出不同的受力状态。巷内区域的顶板经支护加固后形成具有一定厚度和一定跨度的岩梁，在岩梁自重及其上覆岩层载荷作用下易发生弯曲、离层，且岩梁的最大下沉值出现在巷道中心处。此外，岩梁弯曲下沉甚至破坏在很大程度上取决于其下方支承基础（巷帮）的刚度。当巷道布置在松软破碎煤层中时，煤体的低刚度使顶板岩梁的支承基础具有显著的可变形特性，导致巷帮煤体上方的顶板亦出现明显的弯曲下沉，从而使巷内与巷帮一定深度范围内顶板岩梁的弯曲下沉具有连续性。

5.2.3　支护区顶板挠曲变形影响因素分析

从矩形断面综掘煤巷支护区顶板的弹性地基梁力学模型不难看出，支护区顶板岩梁的弯曲下沉主要与巷道埋深 H、巷帮处最大应力集中因数 K、顶板岩层的弹性模量 E_r、巷帮煤体的弹性模量 E_m、巷帮基础厚度 h_m、巷道掘进宽度 $2l$ 等工程地质参数有关。因此，为了进一步揭示支护区顶板的弯曲下沉规律，采用"控制变量法"对上述影响因素逐一进行分析。

5.2.3.1　埋深对支护区顶板弯曲下沉的影响

由综掘煤巷支护区顶板弹性地基梁力学模型的第三条假设可知，巷道埋深的大小与巷帮垂直应力增量的大小呈正比关系。不同埋深时支护区顶板下沉挠度分布如图 5-10 所示，可见巷内及巷帮一定范围内顶板的弯曲下沉量均因巷道埋深的变化而改变。

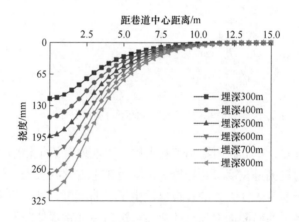

图 5-10　不同埋深时支护区顶板的下沉挠度分布

支护区巷道中心处顶板下沉挠度与巷道埋深的关系（见图 5-11）表明，当巷道埋深在一定范围内变化时，支护区顶板下沉挠度随巷道埋深的增大而近似呈线性增大关系。

5.2.3.2　顶板岩层的弹性模量对支护区顶板弯曲下沉的影响

由于顶板岩层的弹性模量直接影响到顶板岩梁的抗弯刚度，进而影响顶板的弯曲变形，图 5-12 为不同弹性模量条件下支护区顶板下沉挠度分布。由图 5-12 可知顶板岩层的弹性模量对支护区巷道顶板不同位置处的下沉量均产生较大影响。

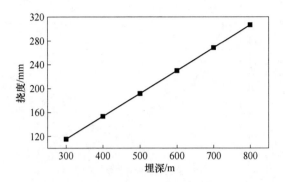

图 5-11　支护区顶板下沉挠度与巷道埋深的关系

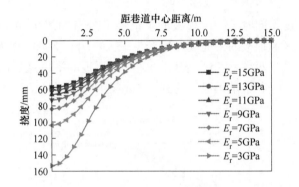

图 5-12 彩图

图 5-12　岩层弹性模量不同时支护区顶板下沉挠度分布

支护区巷道中心处顶板下沉挠度与岩层弹性模量的关系如图 5-13 所示，可见支护区顶板的下沉挠度随顶板岩层弹性模量的增大而减小，降幅也随着顶板岩层弹性模量的增大而逐渐减小。当 E_r 由 3GPa 增大至 7GPa 时，支护区顶板最大下沉值由 153.36mm 减小至 83.89mm，减小了 45.3%；当 E_r 由 7GPa 增大至 11GPa 时，支护区顶板最大下沉值由 83.89mm 减小至 65.87mm，减小了 21.48%；而当 E_r 由 11GPa 增大至 15GPa 时，支护区顶板最大下沉值由 65.87mm 减小至 57.58mm，减小了 12.59%。由此可知，顶板岩层的弹性模量越小，其对支护区顶板弯曲变形的影响越明显；反之，则影响越微弱。

5.2.3.3　巷帮基础厚度 h_m 对支护区顶板弯曲下沉的影响

由综掘煤巷支护区顶板弹性地基梁力学模型的第二条假设（式（5-31））可知，巷帮基础的刚度与其厚度呈反比关系。对布置在厚煤层中的矩形巷道来说，由于煤巷掘进层位不同导致顶板岩梁可变形基础的厚度差异明显，可按煤层厚度与顶板煤层厚度之差来确定，则沿煤层顶板和底板掘进巷道顶板岩梁的基础厚度分别为煤层厚度和巷道掘进高度。

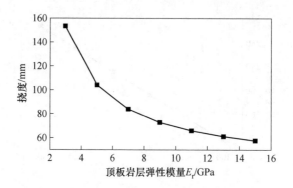

图 5-13   支护区顶板下沉挠度与岩层弹性模量的关系

　　巷帮基础厚度不同时支护区顶板的下沉挠度分布如图 5-14 所示，巷帮基础厚度的改变对各区域顶板的弯曲变形均产生较大影响。支护区顶板下沉挠度与巷帮基础厚度的关系（见图 5-15）表明，支护区顶板的下沉挠度随着巷帮基础厚度的增大而增大，当巷帮基础厚度达到 3.0m 以上时增幅将显著增大。

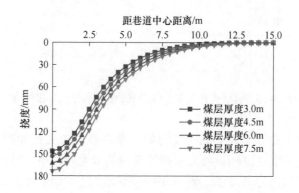

图 5-14 彩图

图 5-14   巷帮基础厚度不同时支护区顶板下沉挠度分布

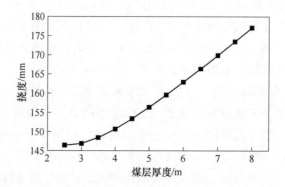

图 5-15   支护区顶板下沉挠度与巷帮基础厚度的关系

5.2.3.4 巷帮煤体的弹性模量 E_m 对支护区顶板弯曲下沉的影响

巷帮煤体作为支护区顶板岩梁的可变形基础，其刚度大小对顶板岩梁的弯曲变形产生重要影响，而由综掘煤巷支护区顶板弹性地基梁力学模型的第二条假设（式（5-31））可知，巷帮煤体的刚度与其弹性模量密切相关。煤体弹性模量不同时支护区顶板下沉挠度分布如图 5-16 所示，综掘煤巷支护区顶板的弯曲下沉对巷帮煤体的弹性模量异常敏感，即巷帮煤体弹性模量的微小变化将对顶板下沉量产生显著的影响。

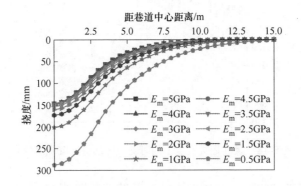

图 5-16 彩图

图 5-16 煤体弹性模量不同时支护区顶板下沉挠度分布

通过支护区顶板下沉挠度与煤体弹性模量的关系（见图 5-17）可以看出，支护区顶板的下沉挠度随着巷帮煤体弹性模量的增大而减小，降幅随着巷帮煤体弹性模量的增大而逐渐减小。当巷帮煤体的弹性模量 E_m 由 0.5GPa 增大至 1.5GPa 时，支护区顶板的下沉挠度则由 288.06mm 降至 173.53mm；当巷帮煤体的弹性模量 E_m 由 1.5GPa 增大至 5GPa 时，支护区顶板的下沉挠度则由 173.53mm 降至 146.89mm。因此，适当地提高巷帮煤体的弹性模量可显著降低顶板挠度，有利于增强支护区顶板的稳定性。

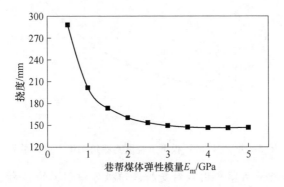

图 5-17 支护区顶板下沉挠度与煤体弹性模量的关系

5.2.3.5　巷道掘进宽度对支护区顶板弯曲下沉的影响

巷道掘进宽度的改变意味着支护区顶板弹性地基梁的跨度发生了改变，煤巷掘进宽度不同时支护区顶板下沉挠度分布（见图 5-18）表明，巷道掘进宽度的改变不仅会影响支护区顶板下沉挠度的大小，而且使顶板在沿巷帮深度方向上的弯曲变形范围发生明显变化（巷道掘进宽度越大则顶板弯曲变形的范围越大）。

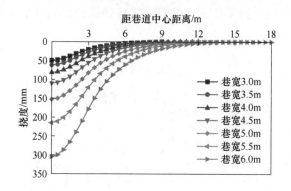

图 5-18 彩图

图 5-18　煤巷掘进宽度不同时支护区顶板下沉挠度分布

支护区顶板下沉挠度与巷道掘进宽度的关系如图 5-19 所示，可见支护区顶板下沉挠度随巷道掘进宽度的增大而急剧增大，增幅也随着掘进宽度的增大而增大。当巷道掘进宽度由 3.0m 增大至 4.0m 时，支护区顶板最大弯曲下沉量由 49.79mm 增大至 81.68mm，增大了 64.05%；当巷道掘进宽度由 4.0m 增大至 5.0m 时，支护区顶板最大弯曲下沉量由 81.68mm 增大至 153.36mm，增大了 87.76%；当巷道掘进宽度由 5.0m 增大至 6.0m 时，支护区顶板最大弯曲下沉量由 153.36mm 增大至 305.22mm，增大了 99.02%。

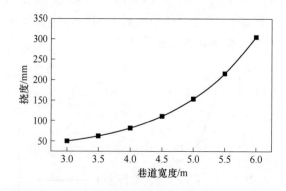

图 5-19　支护区顶板下沉挠度与巷道掘进宽度的关系

5.2.3.6　垂直应力集中因数对支护区顶板弯曲下沉的影响

由综掘煤巷支护区顶板弹性地基梁力学模型的第三条假设可知，垂直应力集中因数的大小直接影响巷帮垂直应力增量的大小。不同垂直应力集中因数下支护区顶板的下沉挠度分布如图 5-20 所示，可以看出应力集中因数对支护区巷道顶板的下沉挠度产生了显著影响。

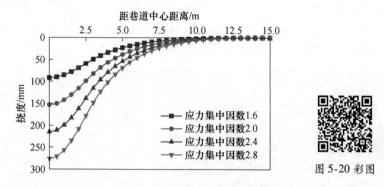

图 5-20 不同应力集中因数下支护区顶板的下沉挠度分布

通过图 5-21 所示的支护区巷道中心处顶板下沉挠度与垂直应力集中因数的关系可以看出，支护区巷道横断面上最大下沉点处的弯曲下沉量随垂直应力集中因数的降低而减小且呈线性关系。

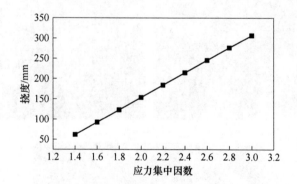

图 5-21 支护区顶板下沉挠度与垂直应力集中因数的关系

5.3 矩形断面煤巷支护区复合顶板变形破坏机制

受开挖卸载影响，一定深度范围内巷道顶板岩层所受的径向应力显著降低而切向应力显著增大，从而导致顶板的稳定程度大幅减弱，为了增强煤巷顶板的稳定程度，支护则成为掘进过程中的必要工序之一。对于分层厚度小、层间黏结力弱、含若干软弱夹层且累计厚度大于常规锚杆长度（一般不超过 2.4m）的中厚复合顶板来说，采用单一的锚杆支护往往无法有效控制顶板，所以，生产现场普遍采用锚杆索联合支护或全锚索支护。

　　赵庄矿回采巷道的复合顶板目前全部采用全锚索支护，当采用预应力锚索对复合顶板锚固支护后，顶板则由若干层岩层构成的叠合梁结构转变为具有一定厚度的组合梁结构，顶板锚固岩梁的力学性能得以提高，刚度明显增大，抗弯能力显著增强，巷道成型初期顶板的稳定程度相对较高。然而，随着巷道服务时间的逐步延长，在上覆岩层压力、岩层自重及高水平应力的复合作用下，顶板锚固岩梁弯曲变形严重，局部甚至发生冒顶，如图 5-22 所示。由此看来，支护区顶板

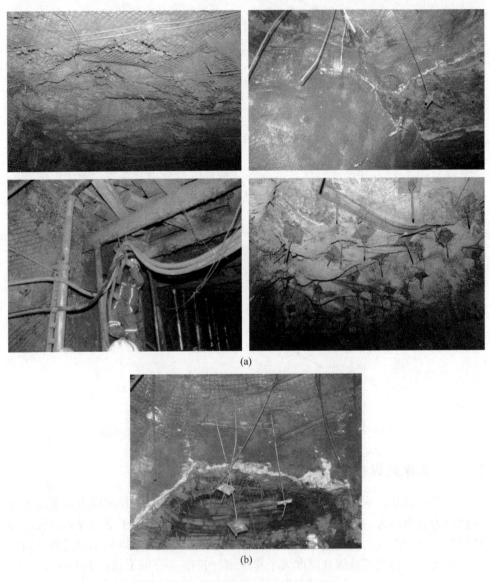

(a)

(b)

图 5-22　支护区顶板变形破坏

（a）破坏严重顶板；（b）顶板垮冒

变形过大将影响巷道的正常使用，导致返修工程量增大，甚至危及人身及生产安全，因此，弄清支护区顶板失稳机理进而采取合理的控制技术显得尤为重要。

支护区顶板锚固岩梁在弯曲下沉过程中，其内不同分层岩层物理力学性质的差异使各分层的抗弯刚度存在较大差别，倘若上分层岩层的抗弯刚度小于下分层岩层，此相邻分层岩层将发生同步协调下沉；反之，此相邻分层岩层间出现离层，且因复合顶板岩性组合及分层厚度的差异性使其呈现出 3 种不同形式：无离层、连续离层和间隔离层。与此同时，锚固岩梁内相邻岩层间将产生一定的剪应力，当分层间的剪切阻抗难以与其间的剪应力抗衡时，分层间势必发生剪切错动。随着弯曲下沉的进一步加剧，巷道肩角附近区域顶板岩梁所受的剪应力将逐渐增大，一旦超过顶板锚固岩梁的剪切强度，岩梁将在该区域发生塑性剪切破坏。因此，在剪应力（巷道肩角附近）与拉应力（巷道中心处）的复合作用下，支护区顶板锚固岩梁的连续性和完整性将遭受严重破坏，在巷道肩角处和中心处容易开裂，最终形成如图 5-23 所示的三铰拱式结构。

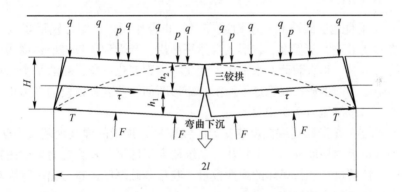

图 5-23　顶板岩梁的三铰拱式结构

H—顶板岩梁锚固厚度，m；h_1，h_2—第一和第二分层岩层厚度，m；
q—三铰拱所受均布载荷，kN/m^2；p—锚杆（索）的锚固力，kN；
F—锚杆（索）的预紧力，kN；τ—分层间剪应力，MPa；
T—三铰拱拱脚所受水平推力，kN；l—岩梁半跨，m

支护区顶板锚固岩梁的稳定性与其形成的三铰拱式结构的稳定程度密切相关，当顶板锚固岩梁在一定程度内变形时，呈三铰拱式结构的下位岩层能保持稳定。然而，随着顶板变形的进一步加剧，顶板锚固岩梁的下位岩层将发生变形失稳或滑落失稳。一方面，由于下位岩层未失去支护系统的约束作用，从而使其由自承载结构体转变为载荷体而给支护系统增添负荷；另一方面，受力条件的改变使顶板的离层挠曲和剪切破坏逐步向上位分层岩层扩展，直至形成新的三铰拱式结构，即顶板锚固岩梁的三铰拱式平衡结构呈现出"上移"现象。支护区顶板内三铰拱式结构在渐次"上移"的过程中，当潜在的最大拱高超过顶板岩梁的锚固厚度时，支护系统将完全失效，进而导致顶板锚固岩梁整体冒落；而当顶板岩梁锚固厚度足够大时，支护系统的作用载荷将随下位岩层失稳层数的增多而不断增大。对于全锚索支护的复合顶板来说，倘若存在锚索索体的拉剪强度低、施加的初始预紧力不足、锚固端的黏结强度不高等问题，则容易出现锚索破断及顶板垮冒现象。

基于上述对支护区复合顶板变形破坏机制的分析，综合考虑煤巷的综掘施工过程不难看出，支护区是随着掘进工作面的不断前移而由空顶区逐步过渡而来的，支护区复合顶板的稳定程度除了跟顶板自身条件（岩性、组合结构、分层厚度等）及所处应力环境（原岩应力、采掘应力）有关外，还与其支护前的受损程度（由掘进工艺、支护及时性等掘进施工参数决定）、支护方案的合理程度（支护形式、支护材料、锚杆索间排距及其预紧力等）及支护施工质量的好坏程度密切相关。

5.4　本章小结

（1）在垂直地层载荷和水平构造应力的联合作用下，矩形断面煤巷复合顶板岩体挠曲变形至一定程度后将形成自然平衡拱，当受到顶板岩层强度弱化、煤帮支撑能力减弱、垂直载荷及水平应力变化等因素变化影响，自然平衡拱可能逐步演化为隐形平衡拱或扩展隐形平衡拱；矩形断面煤巷复合顶板的平衡拱矢高与巷道跨度和水平侧压力密切相关。

（2）构建了矩形断面综掘煤巷支护区锚固复合顶板的弹性地基梁力学模型，得出支护区顶板的挠度分布基本特征；系统研究了埋深、垂直应力集中因数、顶板岩层的弹性模量、巷帮煤体的弹性模量、巷帮基础厚度、巷道掘进宽度对支护区顶板弯曲变形的影响规律。

（3）支护区锚固复合顶板在上覆岩层压力、岩层自重及高水平应力的复合作用下产生弯曲变形，层间离层及剪切错动使复合顶板锚固岩梁的连续性和完整性遭到破坏，在拉应力和剪应力复合作用下将发生失稳。

6 矩形断面综掘煤巷复合顶板安全控制技术研究

针对赵庄矿煤巷复合顶板控制技术及其综掘施工现状，剖析了围岩控制方面对煤巷综掘速度的影响原因，进而详细阐述了综掘煤巷围岩的控制思路。在系统论述锚杆（索）与护表构件的作用机理及其关键影响因素的基础上，从保证掘进施工安全、缩短掘进循环用时、维护煤巷围岩长期稳定出发，针对性地提出了以预应力锚杆和锚索为支护主体的复合顶板"梁－拱"承载结构耦合支护技术及其分步支护技术。

6.1 矩形断面综掘煤巷复合顶板安全控制思路

6.1.1 围岩防控对策对煤巷掘进速度的影响

对围岩采取必要的防控措施是保证煤巷综掘施工安全及质量的基本前提，然而防控措施的合理与否不仅影响施工安全及质量，而且还会对掘进效率及生产成本产生重要影响。围岩的安全防控已成为复合顶板煤巷实现快速综掘的关键制约因素，其产生原因及负面影响主要体现在以下几个方面：

（1）未能弄清煤巷综掘工作面空顶区顶板的稳定规律及其影响因素，掘进过程中盲目地通过缩短空顶距离的方式来防范空顶区顶板失稳，不合理的小空顶距掘进使掘进循环次数增多，掘进机组进退更加频繁，从而限制了综掘速度的进一步提升。

（2）对综掘煤巷复合顶板稳定性空间演化规律及锚固顶板变形失稳机理的研究不够深入，为了使顶板得到稳定控制，在掘进时强调支护的一次性和高强性，从而导致支护工序耗时长，掘进机的开机率较低，未能最大限度地发挥出综合机械化掘进的潜能，掘进速度整体上偏慢。

（3）掘进、支护等施工机具不利于煤巷快速掘进的实现，悬臂式掘进机配合液压锚杆钻车完成掘进工作时，受二者频繁地交叉换位及允许同时支护作业的钻车数量限制影响，最终造成掘进循环作业时间延长而降低了掘进速度。

（4）对工程地质环境的掌控还不够精细化，全矿井所有回采巷道的掘进工作面均采用同一掘进（空顶距、循环步距）及支护（锚索间排距、支护流程）参数，而未能实时地根据工程地质环境的变化情况对其做出动态调整，某种程度上也制约了成巷速度。

6.1.2　矩形断面综掘煤巷复合顶板安全控制思路

矩形断面综掘煤巷顶板安全防控的实质是在掘进过程中采取适当的防范和控制措施，使综掘工作面空顶区和支护区顶板保持稳定的同时，最大限度地提高煤巷掘进速度，其中，保持空顶区顶板稳定时侧重于"防"，而保持支护区顶板稳定时更侧重于"控"。在全面掌握综掘煤巷顶板稳定性渐次演化规律及其影响因素、综掘空间（空顶区和支护区）复合顶板变形失稳机理的基础上，针对性地提出快速综掘煤巷顶板安全防控对策，对实现煤巷的安全、经济、高效掘进意义非凡。因此，结合赵庄矿复合顶板煤巷工程地质条件及其掘进施工现状，提出以下快速综掘煤巷顶板安全防控思路：

（1）注重对空顶区顶板自稳能力的充分利用，确定出合理的空顶距。空顶距大小的选择不仅关系到掘进施工的安全性，而且还会对掘进效率产生重要影响。在特定的掘进施工条件下，若采用相对较小的空顶距，空顶区顶板在掘进过程中发生失稳冒落的概率相对较小，即掘进施工的安全性较高，但是会增加循环次数，进而对掘进速度产生负面影响；若空顶距选择较大，空顶区顶板发生失稳冒落的概率将会大幅增大，即掘进施工的安全性将会降低。同时，空顶距大小可供选择的空间（极限空顶距离）又由顶板自身承载能力及掘进施工相关参数（巷道断面尺寸、循环步距等）所决定，特定掘进施工条件下的空顶区顶板自稳能力越强，则其极限空顶距就越大；反之，极限空顶距就越小。所以在选择空顶距时应根据掘进施工条件，全面掌握顶板的自稳能力并加以合理利用，制定出既能保证顶板稳定又有利于提高掘进效率的空顶距。

（2）由于支护方式及其施工组织的合理与否不仅对掘进施工的安全性产生重要影响，而且直接决定了支护时间的长短，进而对掘进效率产生影响，所以支护方式及其施工组织的制定应综合考虑以下几点：

1）强调顶板支护的针对性：选择针对性更强的锚杆锚索（具有强初撑、急增阻、高工作阻力的力学特性）协调支护来控制支护区顶板。对锚杆来说，适当增加锚杆的支护长度不仅有利于其高伸长率的发挥，进而增强顶板的抗变形能力，而且能加大顶板岩层的组合厚度，进而提高顶板的承载能力；对锚索来说，具有大锚深和高承载力特点的锚索在高预紧力作用下，既能承担锚杆支护层及其上覆一定高度范围内岩层的载荷，又能增强顶板的连续性和完整性，消除复合顶板中软弱夹层不良影响的同时改善了煤巷复合顶板的应力状态，从而有利于保证顶板的长期稳定；锚杆与锚索的协调作用使其二者的性能更容易得到发挥，从而对顶板的控制效果更加明显。

2）重视煤帮对顶板稳定性影响的不可忽略性。煤帮作为支护区锚固顶板的可变形基础，其可变形性对顶板的稳定性产生巨大影响，而特定工程地质条件下，其可变形性将取决于其支护强度的高低。较高强度的支护使煤帮的变形刚度增大，从而使在更可靠基础支撑下的顶板的稳定程度大幅提高；反过来，顶板稳定程度增强后可降低其对煤帮施加的载荷，使煤帮也更加稳定。

3）兼顾煤巷支护的安全性与快捷性。支护为煤巷综掘过程中不可或缺的且耗时最长的工序环节，所以在保证围岩安全稳定（安全性）的基础上缩短支护作业时间（快捷性）是实现煤巷快速掘进的重要途径之一。同时，受掘进空间效应影响，迎头后方不同距离处顶板的应力状态差异明显，即掘进空间内不同位置顶板维持稳定时所需的支护强度也不一样。鉴于此，将既定的复合顶板煤巷永久支护由一次完成施工变为二次完成，从而形成有助于实现煤巷快速综掘的二次永久支护作业方式。

（3）加强对矩形断面煤巷综掘期间顶板安全防控效果的反馈与评价，并依此及时调整和完善综掘煤巷顶板安全防控方案，使其逐步趋向合理。此外，鉴于赵庄矿水文地质条件具有复杂多变的特点，应坚持综掘煤巷顶板安全防控方案设计与施工的动态性，以此增强顶板安全防控方案的针对性及适用性。

6.2　锚杆（索）及护表构件对复合顶板的作用机理

6.2.1　锚杆作用力的产生机理

对煤巷顶部层理发育的复合顶板来说，受开挖卸载影响，上下分层岩层的应力差较大，极易沿黏结力弱且摩擦力低的层理面发生剪切滑移破坏，进而使复合顶板的连续性和整体性遭到破坏，稳定性急剧降低。锚杆是在岩土体内部通过与围岩相互作用发挥支护和加固作用的，其锚固作用体现为径向和切向锚固力的作用，通过对围岩施加围压，将围岩由单向、双向受力状态化为双向、三向受力状态，提高围岩的稳定性。锚杆贯穿围岩中的弱面，切向锚固力改善了弱面的力学性质，从而改善了围岩的力学性质。因此锚杆是兼有支护和加固两种作用的支护形式。径向锚固力主要起支护作用，切向锚固力主要起加固作用[220]。

6.2.1.1　锚杆径向锚固的作用机理

锚杆的轴向变形模量大于岩体的轴向变形模量，其横向变形模量则小于岩体横向变形模量，导致相同应力场作用下两者产生不同的变形（趋势），进而产生锚杆的轴向作用力。该力的产生方式因锚固方式的不同而有所差异：机械式锚固时，轴向作用力主要靠锚杆与岩体间的摩擦作用产生；黏结式锚固时，轴向作用力靠由锚固剂所形成的锚杆与围岩间的黏结及摩擦作用而产生。锚杆轴向作用力的数值大小及其分布特征取决于锚杆与岩体间的相对位移或相对变形量的大小以及锚杆与岩体间的连接性能特征。锚杆与围岩的变形特性差异是锚杆轴向作用力产生的前提，这种差异使二者在同一力场作用下产生不协调变形及位移；锚杆与岩体间有机结合是产生锚固力的保证。围岩应力场在安设锚杆后发生一定的改变是锚固力产生的条件，因为有应力场的改变才会产生锚杆与岩体间变形及位移相对差异。

开掘巷道后，必然从巷道周边开始引起变形破坏，逐步形成如图 6-1 所示的围岩破坏区域。

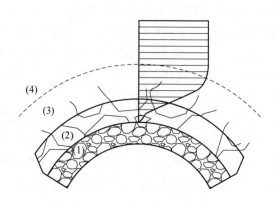

图 6-1　巷道围岩松碎情况

根据围岩变形破坏特点，将巷道围岩分成 4 个区：（1）完全破坏区。区内围岩碎裂成块状，岩块之间基本丧失黏结力，仅以岩块之间的挤压维持原来形状，形成不稳定拱而暂不冒落。区内围岩碎胀变形较大，对深部围岩无支护能力。完全破坏区围岩残余强度取决于原完整岩块强度、外支护施与的围压大小和围岩碎裂程度等。（2）裂隙发育区。区内裂隙发育并有规律排列，围岩强度由于裂隙存在而显著降低，处于峰后特性区域。区内围岩能自撑并对深部围岩有支护作用。（3）原岩应力区。区内岩体保持原来的强度和弹性模量。（4）弹塑性变形区。区内围岩仅发生弹塑性变形，岩体保持完整，其状态可能发展为（2），也可能保持为（3）。这种强度分布是随时间而变化的，如果能及时加以支护，不仅能防止巷道表面岩石剥落，还能防止内部围岩强度的恶化。所以，要发挥径向锚固力的作用，必须掌握围岩强度恶化的发展趋势及阻止强度恶化发展的支护方式和支护阻力。实践表明，只要及时安装锚杆，施加一定的预紧力，就能大幅度降低围岩强度的恶化程度。

径向锚固力随着围岩变形的发展逐渐增大，但增大的过程随着锚固形式的不同又有明显区别。例如，为了阻止顶板岩层离层，如果安装端锚锚杆，则离层时杆体均匀拉伸，杆体拉应变较小，锚杆载荷上升较慢；若采用沿全长锚固的树脂锚杆，则顶板离层时杆体的变形主要集中在离层面附近，此处拉应变很大，锚杆载荷上升很快。因此，同端锚锚杆相比，全锚锚杆增阻快、阻力大。

6.2.1.2 锚杆切向锚固的作用机理

锚杆的切向作用力指锚杆因对围岩沿锚杆轴向以外的任意方向发生剪切变形及围岩间相对位移的约束作用而在横截面及斜截面上所产生的剪应力以及在黏结面（锚杆表面）上所产生的法向应力。这种约束作用主要包括阻止围岩沿弱面滑移、阻止围岩中产生新的剪切破坏面以及阻止围岩中的块体产生相对回转等。通常在一定应力场的作用下，岩体中会产生以下类型的横向位移或位移趋势：(1) 各部分间会沿弱面发生相对错动；(2) 沿特定方向产生新的剪切破坏面并沿此破坏面发生错动；(3) 碎块状岩体发生转动。安装锚杆后这些横向位移将受到锚杆的约束，锚杆中的切向作用力也由此而产生。切向作用力产生的条件可概括为 3 个：

(1) 锚固范围内的围岩产生一定量的横向（斜向）剪切变形甚至相对错动。通常认为锚杆支护是一种主动支护方式，这主要是因为通过辅助构件可使锚杆产生一定的预应力，从而使岩体在因应力场的改变而产生变形之前就可受到一定的支护作用力。然而，预应力之外的锚杆作用则仍属于被动支护的范畴，尤其是锚杆的切向作用力的产生，更是以锚固范围岩体各部分之间的横向相对位移为前提条件的。

(2) 锚杆与围岩紧密接触，以使锚杆与岩体之间具备良好的传力性能。

(3) 锚杆要具有一定的抗剪切强度及刚度，以使锚杆对岩体的横向变形产生较强的灵敏性和控制作用。根据锚杆切向作用力的产生条件可知，锚固方式的不同将会导致切向作用力的不同，因为不同的锚固方式使锚杆与岩体之间所具有的传力特性不同。全长锚固时，锚杆的整个有效长度范围内都会产生较强的横向作用，而端锚时，锚杆只在锚固段可对围岩产生较强的横向作用，其余部分的横向作用则比较弱。

6.2.2 锚杆对围岩的力学作用

6.2.2.1 锚固体内聚力的变化

锚杆的切向锚固力即锚杆对围岩剪切变形及横向相对位移的约束作用力，其作用本质为增加锚固体的抗剪切强度，即提高锚固体的内聚力。根据切向锚固力的产生机理可知，其最大值就是锚杆材料的抗剪切强度，即内聚力。若将锚杆的内聚力记为 C_b、被锚岩体的内聚力记为 C_r、锚固体的内聚力记为 C，并近似认为锚固剂的力学参数与岩体的力学参数相同，则有：

$$C = C_r + nS(C_b - C_r) + \sigma\tan\varphi \qquad (6\text{-}1)$$

式中，S 为锚杆的横截面面积；n 为锚杆布置密度；σ 为锚杆的轴向作用在岩体中产生的挤压应力；φ 为岩土体的内摩擦角。

$$\Delta C = C - C_r = nS(C_b - C_r) + \sigma\tan\varphi \qquad (6\text{-}2)$$

可见，锚固体内聚力的提高幅度取决于锚杆与岩体内聚力的差值大小、锚杆横截面面积在锚固体总面积中所占的比例（即单根锚杆横截面面积和锚杆布置密度）和锚杆轴向作用的强弱。

6.2.2.2　锚固体内摩擦角的变化

与内聚力的变化原理相同，锚固体内摩擦角的大小由锚杆的内摩擦角、无支护岩体内摩擦角的大小以及摩擦面上的应力状态所决定。若锚杆及被锚岩体的应力状态相同，则锚固体的内摩擦系数为：

$$f = f_r(1 - nS) + f_b nS \tag{6-3}$$

式中，f 为锚固体内摩擦系数；f_r 为岩体内摩擦系数；f_b 为锚杆内摩擦系数。

锚固体与围岩的内摩擦系数之差 Δf 为：

$$\Delta f = f - f_r = (f_b - f_r)nS \tag{6-4}$$

通常 $f_b < f_r$，所以与锚固前相比，锚固体的内摩擦系数减小了。但由于锚固体中锚杆的面积所占的比例很小，通常不足千分之一，因此，实际计算时可忽略这一变化，即锚固体的内摩擦角仍近似等于锚固前岩土体的内摩擦角。

6.2.2.3　锚固体横向抗压强度的变化

轴向锚固力对锚固体的作用本质就是改变其应力状态，即增加轴向压力，使锚固体由锚前的近似两向受压状态变为三向受压状态，从而使锚固体的横向抗压强度得到提高。

根据 Mohr-Coulomb 强度理论，锚固体的横向（垂直于锚杆方向）抗压强度可表示为：

$$\sigma_{\max} = \frac{2C\cos\varphi}{1 - \sin\varphi} \tag{6-5}$$

式中，$\sigma_{\max}$ 为锚固体的环向抗压强度。

锚固体的环向抗压强度与无支护时的环向强度相比增加了 $\Delta\sigma_{\max}$：

$$
\begin{aligned}
\Delta\sigma_{\max} &= \sigma_{\max} - R_c \\
&= \frac{2C\cos\varphi}{1 - \sin\varphi} - \frac{2C_r\cos\varphi}{1 - \sin\varphi} \\
&= 2(C - C_r)\frac{\cos\varphi}{1 - \sin\varphi} \\
&= 2nS(C_b - C_r)\frac{\cos\varphi}{1 - \sin\varphi} + 2\sigma\frac{\sin\varphi}{1 - \sin\varphi}
\end{aligned} \tag{6-6}
$$

式中，R_c 为锚固前岩体的单轴抗压强度。

根据 Griffth 强度理论分析，锚固体的环向抗压强度可表示为：

$$\sigma_{\max} = 4R_t\left(1 + \sqrt{1 + \frac{\sigma}{R_t}}\right) + \sigma \tag{6-7}$$

与无锚固围岩相比增加了 $\Delta\sigma_{\max}$：

$$\Delta\sigma_{\max} = 4R_{\text{t}}\left(\sqrt{1 + \frac{\sigma}{R_{\text{t}}}} - 1\right) + \sigma \qquad (6\text{-}8)$$

式中，R_{t} 为岩体的单轴抗拉强度。

上述两种强度理论分析结果均表明锚杆的轴向作用力改变了岩体的应力状态，从而使其横向抗压强度得到了提高。

6.2.2.4 锚固体抗弯强度的改变

组合梁理论认为，当岩层为薄层状时，通过锚杆将其组合为整体可使相同横向载荷作用下所产生的弯曲应力减小为组合前的 $1/n$，即相当于强度或承载能力提高了 n 倍。但是，这种效果的产生是以组合梁的整体性不发生破坏为前提的，即层间抗剪能力要足以承受弯曲变形时所产生的剪应力。然而，锚杆使层间黏结力的提高是有限的，所以衡量锚固体抗弯强度的改变不仅要考虑组合梁与叠合梁的变形特征差异，还应考虑层间剪应力以及抗剪能力的变化情况。

由弹性理论可知，组合梁发生横力弯曲时，其中剪应力的分布为：

$$\tau_{\max} = \frac{Q_{\max}S_{\max}}{I} = \begin{cases} \dfrac{3qb}{2n_{\text{r}}h} & (n_{\text{r}} \text{ 为偶数时}) \\[3mm] \dfrac{3qb}{2n_{\text{r}}h}\left(1 - \dfrac{1}{n_{\text{r}}^2}\right) & (n_{\text{r}} \text{ 为奇数时}) \end{cases} \qquad (6\text{-}9)$$

锚固后层间所具有的抗剪强度为：

$$[\tau] = nSC_{\text{b}} + \sigma\tan\varphi \qquad (6\text{-}10)$$

式中，$Q_{\max}$ 为横截面上的最大剪力；$S_{\max}$ 为最大静矩；q 为横向均布载荷；b 为组合梁跨度；n_{r} 为岩层层数；h 为岩层分层厚度；n 为锚杆布置密度；S 为锚杆横截面面积；C_{b} 为锚杆的内聚力；σ 为层间法向压应力；φ 为层间摩擦系数。

只有当 $[\tau] \geq \tau_{\max}$ 时，岩层的变形才会表现出组合梁的特征；否则，锚固将失效，岩层的弯曲状况又会恢复到组合前的叠合梁状态。可见，锚杆组合梁的整体弯曲效果的实现是有条件的。

以上分析表明，由于锚杆的作用使锚固体内岩体的内聚力及围压得到了提高，从而使其横向抗压强度、抗弯强度以及沿弱面的抗剪强度等都得到了一定程度的提高，提高的幅度取决于锚杆力学参数与岩体力学参数的差值大小以及岩体围压的增加量即托锚力的大小等。

6.2.2.5 锚固体变形模量的改变

锚杆的主要作用之一就是改善围岩的应力状态，从而提高其强度并减小其变形。若将锚杆及其作用下的岩土体看作整体，则岩土体变形量的减小等效于锚固体变形模量的提高。

锚固体的弹性模量和泊松比分别为 E、μ，无锚岩体的弹性模量和泊松比分别为 E_{r}、μ_{r}，锚杆的弹性模量和泊松比分别为 E_{b}、μ_{b}，则有：

$$\begin{cases} E = \dfrac{E_r}{1 - \lambda \mu_r} \\[3mm] \mu = \dfrac{\mu_r - \lambda}{1 - \lambda \mu_r} \end{cases} \tag{6-11}$$

其中：

$$\lambda = \frac{\dfrac{\mu_r}{E_r} - \dfrac{\mu_b}{E_b}}{\dfrac{1}{E_r} + \dfrac{1}{nSE_b}} \tag{6-12}$$

若 $\lambda = 0$，即锚杆与岩体的变形性质无差异时，则锚固体的变形模量与无锚时相同；若 $\lambda > 0$，则锚固体的弹性模量 E 将会得到提高，泊松比 μ 将会得到减小。

6.2.2.6　岩体抗剪强度的提高

对于岩体来说，如果是整体结构、块状结构或层状结构的岩体，其破坏主要是由岩体内的优势软弱结构面如节理、层理等控制的；而对于裂隙发育的破碎岩体来说，其破坏准则满足 Hoek-Brown 破坏准则，通过预应力锚固虽然可以使上述两类岩体的抗剪强度得到改善，但是其贡献程度差别是很大的。

A　层状结构岩体加锚后抗剪强度的变化情况

对于层状结构岩体，不论是岩石边坡还是岩石隧道，为了防止岩体沿结构面发生剪切破坏，可以采用锚杆或锚索对其进行锚固支护。假定优势软弱结构面遵循 Mohr-Coulomb 破坏准则，则在施加锚杆或锚索前，结构控制面的剪切强度可以通过下式表达：

$$\tau = \sigma_n \tan\varphi + c \tag{6-13}$$

式中，σ_n、φ、c 分别为控制结构面的法向正应力、内摩擦角、凝聚力。如果在主应力空间表示上述 Mohr-Coulomb 法则，上式则可写为：

$$\sigma_1 = \sigma_3 \tan^2\left(\frac{\pi}{4} + \frac{\varphi}{2}\right) + 2c\tan\left(\frac{\pi}{4} + \frac{\varphi}{2}\right) \tag{6-14}$$

可以认为，当岩体施加锚杆后，提高了岩体的围压，使 σ_3 变为 $\sigma_3 + \Delta\sigma_3 = \sigma_3^*$，则上式可变为：

$$\sigma_3^* = 2c\tan\left(\frac{\pi}{4} + \frac{\varphi}{2}\right) + \sigma_3\tan^2\left(\frac{\pi}{4} + \frac{\varphi}{2}\right) + \Delta\sigma_3\tan^2\left(\frac{\pi}{4} + \frac{\varphi}{2}\right) \tag{6-15}$$

即

$$\sigma_3^* = \left[2c + \Delta\sigma_3\tan\left(\frac{\pi}{4} + \frac{\varphi}{2}\right)\right]\tan\left(\frac{\pi}{4} + \frac{\varphi}{2}\right) + \sigma_3\tan^2\left(\frac{\pi}{4} + \frac{\varphi}{2}\right) \tag{6-16}$$

令 $c^* = c + \dfrac{\Delta\sigma_3}{2}\tan\left(\dfrac{\pi}{4} + \dfrac{\varphi}{2}\right)$，从上式中可以看出，施加锚杆后岩体中结构面

上的凝聚力增大了，加锚后结构面的凝聚力增加了 $\dfrac{\Delta\sigma_3}{2}\tan\left(\dfrac{\pi}{4}+\dfrac{\varphi}{2}\right)$，即相应地增

大了结构面的抗剪强度，改善了岩体的力学性质。

B　破碎岩体锚固后岩体抗剪性能的改善

当岩体中裂隙比较发育，则岩体中没有主要的控制结构面。对于此类岩体，可以认为满足 Hoek-Brown 破坏准则。该破坏准则是国际著名岩石力学专家 Hoek 应用修正的 Griffith 强度理论，在众多的实际测试资料的基础上，基于南非岩体质量体系之上的破碎结构岩体抗剪强度理论提出的，目前在国内外得到了广泛的应用，尤其是在破碎岩体工程中。经过多年的发展和完善，目前建立了广义强度准则，其经验强度公式为：

$$\sigma_1' = \sigma_3' + \sigma_{ci}\left(m_b\frac{\sigma_3'}{\sigma_{ci}} + S \right)^a \tag{6-17}$$

$$\begin{cases} m_b = m_i\exp\left(\dfrac{\mathrm{GSI}-100}{28-14D}\right) \\[2mm] S = \exp\left(\dfrac{\mathrm{GSI}-100}{9-3D}\right) \\[2mm] a = \dfrac{1}{2} + \dfrac{1}{6}\left(\mathrm{e}^{-\frac{\mathrm{GSI}}{15}} - \mathrm{e}^{-\frac{20}{3}}\right) \end{cases} \tag{6-18}$$

式中，m_b、m_i、S、a 均为给定岩体的材料常数；GSI 为地质强度指数。岩体力学性质的改变可以通过不同的 m、S 来表征。由式（6-17）可将锚固体的围压效应计算在内，假定施加锚杆或锚索后岩体的围压增加了 $\Delta\sigma_3$，则有：

$$\sigma_1' = (\sigma_3' + \Delta\sigma_3) + \sigma_{ci}\left(m_b\frac{\sigma_3' + \Delta\sigma_3}{\sigma_{ci}} + S \right)^a \tag{6-19}$$

加锚前后岩体的抗剪强度指标的变化可由 m、S 两个参数来表征，通过施加锚杆，岩体材料参数 m、S 得到提高，变为 m'、S'。

如果单一考虑 S 的增加，则有：

$$\sigma_1' = (\sigma_3' + \Delta\sigma_3) + \sigma_{ci}\left(m_b\frac{\sigma_3'}{\sigma_{ci}} + m\frac{\Delta\sigma_3}{\sigma_{ci}} + S \right)^a \tag{6-20}$$

即加锚后岩体材料强度参数 S 得到了提高。

如果单一考虑 m 的增加，则有：

$$\sigma_1' = (\sigma_3' + \Delta\sigma_3) + \sigma_{ci}\left[m_b\left(1 + \frac{\Delta\sigma_3}{\sigma_3'}\right)\frac{\sigma_3'}{\sigma_{ci}} + S \right]^a \tag{6-21}$$

令 $\sigma_3^* = \sigma_3' + \Delta\sigma_3$，则有：

$$\begin{cases} \sigma_1^* = \sigma_3^* + \sigma_{ci}\left[m_b^*\left(\dfrac{\sigma_3'}{\sigma_{ci}}\right) + S \right]^a \\[3mm] m_b^* = m_b\left(1 + \dfrac{\Delta\sigma_3}{\sigma_3'}\right) \end{cases} \tag{6-22}$$

可以看出，加锚后岩体材料强度参数 m 得到了提高。

通过上述分析，加锚后岩体的材料强度参数 m、S 均得到提高，说明岩体的力学性质得到了改善。由于锚杆或锚索与岩体之间存在一定的相对位移才会产生力的作用，因此不论是否施加预应力，打入锚杆后，岩体的力学性质均得到改善。

6.2.3　锚索对围岩的控制作用

与锚杆相比，预应力锚索具有锚固深度大、锚固力高及可施加更大预紧力等显著特点，所以在矩形断面巷道中，当由预应力锚杆加固与支护形成的组合梁结构难以保证顶板整体稳定时，适当地配合使用锚索，其与锚杆的协调作用将会达到更佳的顶板控制效果。锚索对复合顶板的控制作用主要体现在：

（1）锚索可以将深部稳定岩层与浅部锚杆支护形成的组合梁承载结构连接起来，形成厚度更大、承载能力更强的顶板组合承载结构，不仅可以提高浅部承载结构的稳定程度，而且对改善顶板的应力状态具有积极的促进作用。

（2）高锚固力及预紧力作用下，复合顶板各分层间的摩擦阻力将会增大，岩层分层间的剪切阻抗得到提高，且能有效控制顶板离层，增强复合顶板岩层的连续性，进而提高复合顶板的整体稳定性。

6.2.4　预紧力的作用机理

在煤巷复合顶板的变形破坏中，由于复合顶板的岩性较差，极易发生挠曲下沉，并与上部稳定岩层产生较大的离层，从而使顶板产生较大的下沉甚至冒落。在巷道开挖后，若不及时施加预紧力，复合顶板只是自然的叠合梁，不能发挥组合梁的作用，而由于复合顶板中各岩层间的黏结力很小，在锚杆和锚索的预紧力不足或支护不及时时（若不施加预紧力，只有当岩层产生一定变形时锚杆才发挥其承载作用），锚杆支护不能控制复合顶板岩层的早期离层和失稳，此时，复合顶板中的岩层已经松动、离层，围岩自身的承载力已经降低，再进行锚杆支护作用不大。由此可见，复合顶板变形破坏的重要原因是复合顶板岩层的早期变形没有得到控制，而产生这种状况的根本原因是锚杆预紧力施加不及时导致锚杆的主动支护作用没有得到发挥。

复合顶板的支护应该对锚杆施加较大的预紧（应）力，使锚杆锚固范围内的岩层在巷道开挖后立即承载，同时增大各岩层间的摩擦力，阻止锚固区内各岩层间的离层及层间错动，提高复合顶板的整体强度和整体抗弯刚度，使复合顶板形成具有一定厚度、强度及抗弯刚度的组合梁，从而使锚杆加固范围内各岩层共同变形，形成一个整体承载结构，共同承受围岩载荷，有效地控制复合顶板的早期变形。对锚杆支护施加较大的预紧（应）力充分发挥锚杆的主动支护作用具有以下积极意义[221]：

（1）对围岩表面提供支护抗力，限制围岩变形向巷道深部发展。预应力锚杆对围岩的整体加固作用主要是利用钢材具有较高的抗拉强度和一定的抗剪强度加固围岩的。随着巷道开挖的完成，围岩的弹性变形和塑性变形即结束，要维护巷道空间的稳定，必须限制围岩的进一步变形，即剪胀变形的发展。预应力锚杆正是在巷道开挖完成后及时地给围岩施加比较高的初撑力，有效阻止围岩剪胀变形的扩展，它强调的是早承载、快承载，这一点可以通过预应力锚杆的支护特征线得到很好的解释，如图 6-2 所示。

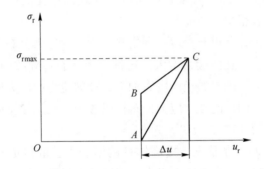

图 6-2　预应力锚杆支护特征图

预应力锚杆的载荷由两部分组成，即张拉载荷和变形载荷，其支护特征线方程可表示为：

$$\sigma_r = \frac{p_r}{ab} + \frac{K}{ab}\Delta u_r \tag{6-23}$$

式中，σ_r 为预应力锚杆施加在巷道壁上的平均径向压应力，MPa；p_r 为单根预应力锚杆的张拉载荷，kN；K 为预应力锚杆的刚度，MPa；Δu_r 为巷道围岩的径向位移，m；a、b 为预应力锚杆的间、排距，m。

由式（6-23）可知，预应力锚杆的初始锚固力来自张拉载荷，因此属于主动支护形式，可以根据需要提供很高的支护反力，达到控制剪胀变形发展的目的，减少和消除了离层的发生。高预应力锚杆对提高顶板承载能力和控制顶板变形都具有重要作用。

（2）提高岩层间的抗剪力，阻止岩层层间离层、错动。理论和实践证明，对锚杆施加预紧力能有效增加顶板岩层之间的抗剪力，阻止复合顶板各岩层之间的滑动、离层。锚杆预紧力越大，提供的抗剪力越大，复合顶板的稳定性越高。如果锚杆没有预紧力，只有当岩层产生一定变形时锚杆才有载荷，显然不能控制在这以前顶板岩层的离层和失稳，而在顶板离层以后再施加预紧力无异于亡羊补牢，意义不大。所以要求在锚杆安装后及时施加预紧力，尽可能防止较大范围内的岩层产生滑动、离层，保证复合顶板岩体的整体性。

（3）改善巷道围岩应力场及各岩层的受力状态。巷道的开挖改变了围岩的原始应力状态，在围岩中设置预应力锚杆后，将在围岩中产生附加的锚固应力，尤其在预应力锚杆作用下，围岩回归三向应力状态。由于岩石的抗压强度远大于其抗拉强度，可通过调整围岩的应力状态来有效提高围岩的稳定性。实践表明，当围压为零时，残余强度接近于零；当围压为1MPa时，残余强度为9MPa。随着围压的增高，岩石的应变软化程度逐步降低，残余强度逐步增大，尤其是当围压在0~1MPa范围内变化时，残余强度对围压表现出很强的敏感性，即围压稍微增大，残余强度增长很快。

根据弹塑性理论，巷道开挖后，围岩将产生二次应力分布，结果为巷道周围岩体的径向应力减小、切向应力增大，这种应力状态将导致围岩产生压剪破坏。在高预应力的作用下，围岩的径向应力加大，径向应力的增大使应力分布趋向均匀，应力集中减缓，围岩的二次应力分布得以改善，而且使拉应力区向围岩内部转移，有利于巷道的稳定。

（4）改善锚杆的工作状态，提高锚杆的锚固力，取得更好的支护效果。锚杆的预紧力对锚杆的工作阻力影响很大，当预紧力低时，不仅影响到初期的工作阻力，而且增阻速度显著降低，锚杆始终不能起到作用。对锚杆施加较大的预紧力，可以实现锚杆快速增阻、提高工作阻力的目的。

6.2.5　托梁（钢带）和钢筋网对复合顶板的作用

6.2.5.1　复合顶板巷道支护中钢带或托梁的作用机理[221]

钢带或托梁是复合顶板锚杆支护系统中的重要构件，对提高锚杆支护整体支护效果、保持围岩的完整性起着关键作用。钢带的主要作用表现在以下3个方面：

（1）锚杆预紧力和工作阻力扩散的作用。单根锚杆作用于巷道表面可近似看成点载荷，钢带可以扩大锚杆的作用范围，实现锚杆预紧力和工作阻力扩散，使载荷趋于均匀。

（2）支护巷道表面和改善围岩应力状态的作用。钢带对巷道表面提供支护，抑制浅部岩层离层、裂隙张开，保持围岩的完整性，减少岩层弯曲引起的拉伸破坏，改善岩层应力状态，防止锚杆间松动岩块掉落。

（3）均衡锚杆受力和提高整体支护的作用。钢带将数根锚杆连接在一起，可均衡锚杆受力，共同形成组合支护系统，提高整体支护能力。

分析钢带受力的简化模型是将两根锚杆之间的钢带段作为一个简支梁，建立如图 6-3 所示模型，采用材料力学的相关公式计算钢带的受力与变形。假设钢带受到均布载荷 q 的作用，则有：

$$
\begin{cases}
M_{max} = \dfrac{qa^2}{8} \\[2mm]
w = \dfrac{5qa^4}{384EI}
\end{cases}
\tag{6-24}
$$

式中，M_{max} 为钢带中点处最大弯矩，$kN \cdot m$；q 为均布载荷，kN/m；a 为锚杆间距，m；w 为钢带挠度，mm；E 为钢带弹性模量，MPa；I 为钢带惯性矩，m^4。

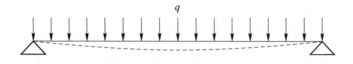

图 6-3　钢带受力简化模型

由式（6-24）可知，q、a 越大，钢带所受的弯矩越大，挠度也越大；相反，钢带的抗弯刚度（EI）越大，钢带的挠度越小。巷道支护要求钢带能够提供足够的支护力，同时钢带的挠度越小越好。

6.2.5.2　复合顶板巷道支护中钢筋网的作用机理

一般认为，钢筋网可以用来维护锚杆间的围岩，防止松动小岩块掉落。其实，钢筋网的作用远远不止这一个，特别是在高地应力、破碎围岩条件下，钢筋网是锚杆支护系统中不可或缺的重要部件。网的作用表现在以下 3 个方面：

（1）维护锚杆之间的围岩，防止破碎岩块垮落。

（2）紧贴巷道表面，提供一定的支护力（已有的研究成果表明，我国现用菱形金属网，在保证施工质量的条件下，可提供 0.1MPa 的支护力），一定程度上改善巷道表面岩层受力状况。同时，将锚杆之间岩层的载荷传递给锚杆，形成整体支护系统。

（3）网不仅能有效控制浅部围岩的变形与破坏，而且对深部围岩也有良好的支护作用。如图 6-4 所示，有网的情况下，虽然巷道表面已坏，但没有松散、垮落，可以作为传力介质，使巷道深部围岩仍处于三向应力状态，提高岩体的残余强度，显著减小围岩松散、破碎范围，同时也保证了锚杆的锚固效果。有研究表明采用锚网加固的试件在受载破坏时，裂成密集的细柱状杆系，残体较完整，残余强度为极限抗压强度的 1/4 左右；无网锚杆加固试件残体不完整，无明显的残余强度。如果没有金属网或金属网失效，围岩破坏会从表面发展到深部，逐渐破坏，失去强度，导致围岩垮落，锚杆失效。

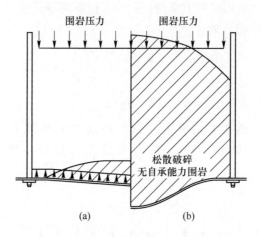

图 6-4　金属网作用示意图

（a）金属网有效支护；（b）金属网失效

6.3　锚杆（索）支护关键影响因素分析

大量工程实践已证实，利用锚杆－锚索的协调作用来支护复合顶板时，支护效果的好坏不仅跟锚杆、锚索自身特性及其性能发挥程度有关，而且深受锚杆与锚索间配合协调程度的影响。同时，预应力锚杆、锚索对顶板的支护效果很大程度上取决于其能否使锚固岩层及周边围岩内形成稳定连续的压应力场，即支护应力场。由于支护应力场的分布状态跟锚杆与锚索的自身特性、布置形式、锚固参数等密切相关，所以在对复合顶板进行锚杆、锚索协调支护设计时有必要弄清楚支护应力场的基本分布规律。本次采用 FLAC^{3D} 数值软件，在不考虑原岩应力对矩形断面巷道顶板支护应力场影响条件下，主要分析锚杆预紧力及布设间距、锚索与锚杆协调支护时锚索长度、预紧力及布设间距对支护应力场分布的影响规律。

6.3.1　锚杆预紧力

为了探究锚杆支护形成的支护应力场受其预紧力的影响规律，在宽度为5.0m 的矩形巷道顶板中均匀安装 7 根预应力锚杆，即锚杆间距为 0.8m，锚杆长度为 2.4m，其中锚固段长度为 0.7m，将预应力锚杆的预紧力依次设置为 40kN、60kN、80kN 和 100kN。预紧力大小改变时，锚杆在顶板中形成的支护应力场如图 6-5 所示。

由图 6-5 可知，施加预紧力的锚杆使顶板岩层产生了一定的压应力，沿锚杆轴向方向上，压应力的大小由锚头向锚尾逐渐增大，并在锚杆托盘位置形成一定的应力集中，同时，在垂直于锚杆轴向方向上，压应力以杆体为中心向周边围岩呈衰减式扩散；一定数量锚杆同时作用时，压应力的相互叠加在顶板内形成一定

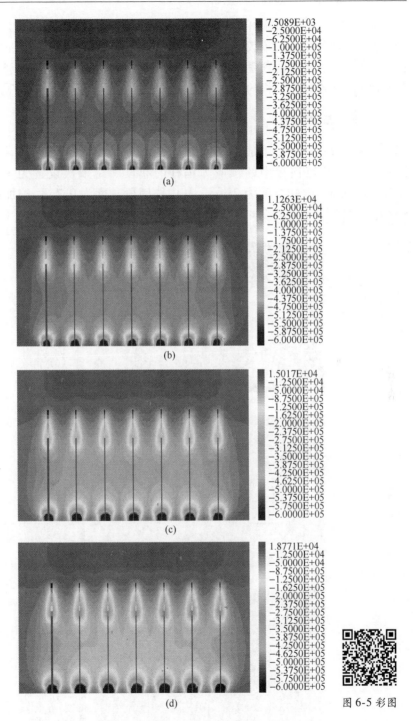

图 6-5 彩图

图 6-5　支护应力场随锚杆预紧力演化规律（单位：Pa）

（a）40kN；（b）60kN；（c）80kN；（d）100kN

范围的压应力区；随着锚杆预紧力的加大，压应力的叠加程度逐渐增高，则有助于顶板形成刚度更大的承载梁结构。由此可以看出，当采用预应力锚杆对复合顶板实施支护时，较高的预紧力能为结构面施加更大的法向压应力，增大结构面上的摩擦力，提高复合顶板的抗剪切能力，进而增强浅部顶板岩层的稳定性。

6.3.2　锚杆布设间距

为了探究锚杆支护形成的支护应力场受其布设间距的影响规律，将安装在5.0m 宽矩形巷道顶板中的预应力锚杆的布设间距依次设置为 1.2m、1.0m、0.8m 和 0.6m。锚杆长度为 2.4m，其中锚固段长度为 0.7m，施加的预紧力为80kN。锚杆布设间距改变时，锚杆在顶板中形成的支护应力场如图 6-6 所示。

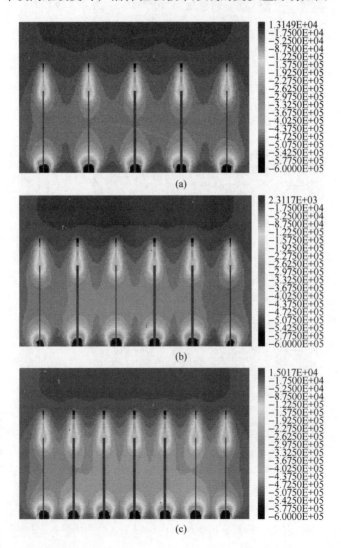

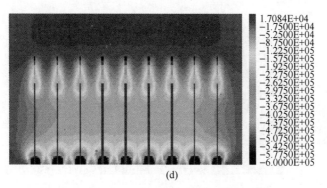

(d)　　　　　　　　　　　　图 6-6 彩图

图 6-6　支护应力场随锚杆间距演化规律（单位：Pa）

（a）1.2m；（b）1.0m；（c）0.8m；（d）0.6m

由图 6-6 可以看出，顶板中的预应力锚杆施加预紧力后，相邻锚杆压应力相互叠加使顶板锚固范围内形成压应力带，从而促使锚杆锚固顶板形成一个承载梁结构；随着锚杆布设间距的逐步减小，顶板内形成的支护应力场的叠加程度将逐步增强，即群体支护效应渐次凸显。据此可知，对于层理裂隙发育、分层间黏结力弱、整体强度偏低的复合顶板来说，利用大密度布设的锚杆所形成的高叠加程度的支护应力场能有效提高浅部岩层的连续性，从而增强顶板的整体承载能力。

6.3.3　锚索预紧力

为了探究锚索与锚杆协调支护形成的支护应力场受锚索预紧力的影响规律，在宽度为 5.0m 的矩形巷道顶板中分别安装 7 根预应力锚杆和 3 根预应力锚索，锚索的预紧力依次设置为 140kN、170kN、200kN 和 230kN。其他保持不变的相关参数：锚索与锚杆的长度分别为 6.4m 和 2.4m，锚固长度分别为 1.4m 和 0.7m，锚索与锚杆的安装间距分别为 1.5m 和 0.8m，锚杆的预紧力为 80kN。锚索与锚杆协调支护时，不同锚索预紧力条件下顶板中形成的支护应力场如图 6-7 所示。

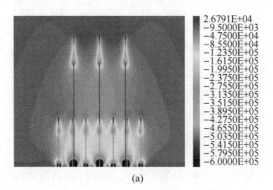

(a)

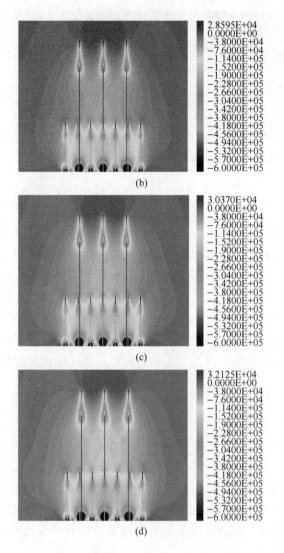

图 6-7 彩图

图 6-7   支护应力场随锚索预紧力演化规律（单位：Pa）

(a) 140kN；(b) 170kN；(c) 200kN；(d) 230kN

由图 6-7 可知，锚杆与锚索协调支护时，支护应力场的叠加程度随锚索预紧力的增大而增强，压应力范围在沿顶板高度方向上增大明显，从而有助于在顶板浅部由锚杆形成的组合承载梁结构基础上形成更深的承载结构，顶板的整体性和连续性显著增强。此外，将锚杆与锚索协调支护形成的支护应力场与图 6-6(c)进行对比可知，锚杆与锚索协调支护后，锚杆支护范围内的压应力比单一锚杆支护时大幅提高，说明锚索支护对浅部锚杆支护范围内顶板的稳定性具有促进作用。因此，对分层厚度小、层间弱黏结的复合顶板进行支护时，锚杆与锚索协调支护可以有效消除顶板离层等有害变形，使顶板的整体刚度及强度得以显著提高，增强复合顶板的自承载能力，进而确保顶板的整体稳定性。

6.3.4　锚索长度

为了探究锚索与锚杆协调支护形成的支护应力场受锚索长度的影响规律，在宽度为5.0m的矩形巷道顶板中分别安装7根预应力锚杆和3根预应力锚索，锚索的长度依次设置为4.0m、5.2m、6.4m和7.6m。其他保持不变的相关参数：锚索与锚杆的预紧力分别为200kN和80kN，锚固长度分别为1.4m和0.7m，锚索与锚杆的安装间距分别为1.5m和0.8m，锚杆的长度为2.4m。锚索与锚杆协调支护时，不同锚索长度工况下顶板中形成的支护应力场如图6-8所示。

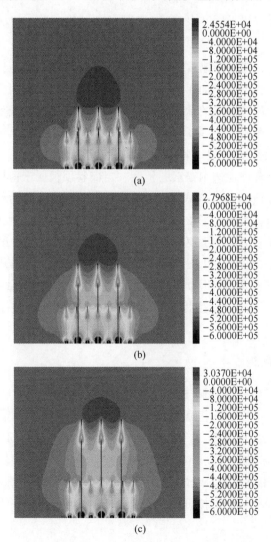

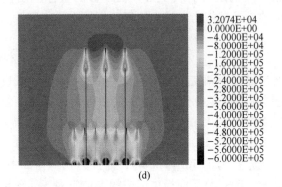

图 6-8 彩图

(d)

图 6-8　支护应力场随锚索长度演化规律（单位：Pa）

(a) 4.0m；(b) 5.2m；(c) 6.4m；(d) 7.6m

由图 6-8 可知，锚杆与锚索协调支护时，顶板中压应力范围在沿顶板高度方向上随预应力锚索长度的增加而增大，则在锚杆锚固形成的组合承载梁结构的顶部形成厚度更大、位置更深的承载结构。同时，锚索长度变长后，所形成的有效支护应力的大小有所降低。综合来看，为了使复合顶板锚索支护更高效、更经济，应结合复合顶板的类型（特厚复合顶板、中厚复合顶板、薄层复合顶板）及其稳定控制要求合理地选用锚索的长度。当煤巷顶板属于薄层复合顶板或厚度较小的中厚层复合顶板，即必须要控制的不稳定岩层厚度相对较小时，可以优先选用短锚索对其予以控制；当顶板为特厚复合顶板或厚度较大的中厚复合顶板，即必须要控制的不稳定岩层厚度相对较大时，若仅通过增大顶板的控制范围能达到预期的控制效果，则可以适当地增加锚索的长度，若锚索长度加长后仍不能满足控制要求，则可以考虑同时采用多种长度锚索，从而既增加了顶板的控制范围，又能增大不同深度顶板的有效支护应力，使顶板整体稳定性得以大幅提高。

6.3.5　锚索布设间距

为了探究锚索与锚杆协调支护形成的支护应力场受锚索布设间距的影响规律，在宽度为 5.0m 的矩形巷道顶板中分别安装 3 根预应力锚索和 7 根预应力锚杆，锚索间距依次设置为 1.3m、1.5m、1.7m 和 1.9m。其他保持不变的相关参数：锚索与锚杆的长度分别为 6.4m 和 2.4m，锚固长度分别为 1.4m 和 0.7m，锚索与锚杆的预紧力分别为 200kN 和 80kN，锚杆间距为 0.8m。锚索与锚杆协调支护时，不同锚索间距工况下顶板中形成的支护应力场如图 6-9 所示。

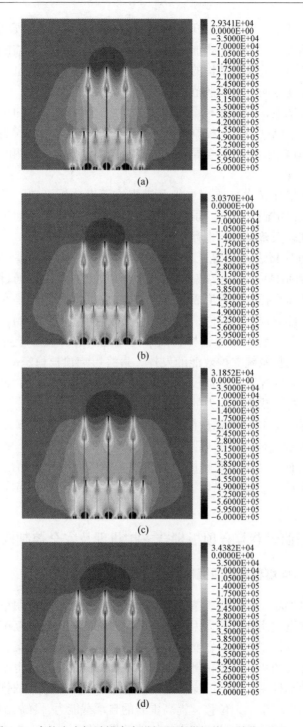

(a)

(b)

(c)

(d)

图 6-9 彩图

图 6-9　支护应力场随锚索布设间距演化规律（单位：Pa）

(a) 1.3m；(b) 1.5m；(c) 1.7m；(d) 1.9m

由图 6-9 可知，预应力锚杆与锚索协调支护时，随着锚索布设间距的增大，顶板中形成的支护应力场的叠加程度呈降低趋势，即在锚杆锚固形成的组合承载梁结构的顶部形成的承载结构的刚度会变小，然而在同等数量的锚索支护时，压应力在巷道宽度方向上的扩散范围有所增大。由此可以看出，对岩性弱、层理发育的复合顶板来说，若锚索布设间距较大，则有利于节省支护时间和支护成本，但可能导致顶板刚度不足、控制效果不佳；反之，若为了形成刚度更大的承载结构而大幅缩小锚索间距，将会导致支护成本大幅提高、支护用时更长，进而降低了煤巷掘进速度。

通过上述锚杆（索）锚固支护关键影响因素分析可知，当采用锚杆、锚索对复合顶板施以锚固支护时，虽然锚杆、锚索的支护参数不同导致支护应力场的分布规律存在较大差异，但也存在两个相同的基本规律：

（1）邻近顶板表面位置压应力分布极不均匀，其形成原因及具体表现为：在对一定布设间距的锚杆、锚索施加预紧力时，压应力主要通过锚杆与锚索的托盘来传递，从而在托盘附近形成的压应力集中程度较高，但是在相邻锚杆、锚索托盘之间的大部分顶板区域内，受压应力扩散能力及范围影响，该区域内形成的压应力相对较低，所以相邻锚杆、锚索托盘之间的顶板易产生局部大变形或漏冒，进而影响支护系统支护效能的发挥，最终影响顶板稳定的控制效果。因此，在对稳定性较差的煤巷复合顶板进行支护时，不能忽视钢带、金属网、钢筋梁等护表构件对锚杆、锚索预应力的传递作用。

（2）在锚索、锚杆锚固段附近顶板内形成了一定的拉应力，该拉应力作用增大了锚固顶板整体冒落的风险，因此在选择锚索、锚杆长度时，应紧密结合顶板的结构特征，尽量避免锚固段处于软弱结构面附近，而应使其处于稳定性相对较好的岩层内，增强锚杆、锚索的可锚性，从而降低锚固顶板整体垮冒的风险。

6.4　矩形断面煤巷复合顶板耦合支护机理及安全控制技术

6.4.1　矩形断面煤巷复合顶板耦合支护机理

对于围岩裂隙发育、地质条件复杂的复合顶板巷道，采用单一的支护方案已经不能满足巷道使用的需求，因此必须采用多种支护形式相互配合、相互协调的支护方案，有效抑制巷道围岩变形。采用多种形式的支护方案，并不是联合支护的单一支护形式的相互叠加，例如锚网支护、锚网喷支护，也不是多种支护形式的组合，例如锚杆＋工字钢的支护，而是考虑多种支护形式的耦合作用，一次支护允许巷道围岩产生一定位移，提高围岩的自承载能力，释放围岩内部储存的应力，二次支护采用刚性支护，使支护体能够提供尽量小的支护力，同时能够使巷道围岩变形与应力均匀、连续，使各支护体的优势得以发挥，劣势能够互相补充，各自发挥良好的支护效果，实现支护结构与围岩在强度、刚度和结构方面的耦合，巷道稳定，如图 6-10 所示。

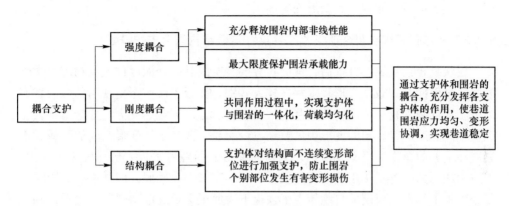

图 6-10 耦合支护的基本特征

（1）强度耦合：对深部巷道开挖时，围岩受到了扰动影响，自身将会产生非常大的变形能，若此时仅采用预应力锚杆来支护，根本不可能完全限制住其相应的变形破坏。为了让围岩自身存在的变形能量可以最大化地释放出来，通常采用强度耦合的方法来完成对预应力锚索的有效保护，在围岩体承载强度允许的范围内，锚索根据自身所具有的一些特性对岩体进行了补强，不断提高围岩体的稳定性。

（2）刚度耦合：支护体作用于巷道围岩后，两者共同作用承担载荷，使巷道围岩变形协调连续，应力分布均匀，尽量少的出现应力腐蚀现象，实现两者的刚度耦合。支护体与围岩刚度不协调时，若围岩的刚度大，支护体刚度较小，那么巷道围岩的变形将逐渐增加，支护结构失效，巷道失稳，或者巷道应力集中位置率先出现应力腐蚀现象，逐渐发展，造成巷道失稳；若支护体刚度较大，巷道围岩位移得到控制，围岩的自承载能力能够有效发挥，但是围岩内部非线性能不能有效释放，如果集聚的能量过多而大于支护体的承受范围，则出现巷道失稳、支护结构失效，如若集聚的能量小于支护体承受范围，会造成支护结构强度过高，浪费材料。

（3）结构耦合：回采巷道的形状多为矩形或者梯形，与理论的圆形巷道水平应力和竖直应力相等存在差异，因此采用等强的均匀分布支护结构是合理的，例如等间距的锚杆支护、锚喷支护等。然而回采巷道因形状的不同，受力不均匀，巷道围岩往往从一个点开始发生破坏，逐渐连接成裂隙，然后串联成面，巷道失稳发生破坏，所以对于应力集中或者可能先发生破坏的部位进行加强支护，例如采用锚索进行巷道顶板加强支护，实现支护体与围岩在结构上的耦合。

根据耦合支护的思想，耦合支护的关键技术为：把握最佳支护时机，在充分利用巷道围岩自承载力的基础上，允许巷道围岩产生一定变形，释放围岩内部应力，同时对关键部位进行加强支护，实现支护体与围岩在强度、刚度和结构上的耦合，使支护后围岩应力和变形均匀连续。

6.4.2　矩形断面煤巷复合顶板"梁－拱"承载结构耦合支护模型

层状复合顶板煤巷开挖后，顶板各分层岩层因其所处深度位置及物理力学性质的差异而使其卸载及变形程度存在较大差别。顶板由浅至深呈现出的应力状态为由二向逐渐恢复至三向，即离巷道顶板表面越近，卸载越充分。相应地，复合顶板不同深度位置岩层的变形程度差别也较明显，拥有足够变形空间的顶板表面岩层在上方载荷作用下率先产生较大弯曲变形，而随着顶板岩层深度逐步加大，因应力状态的改善及作用载荷的降低，岩层的变形逐渐减弱，即开挖卸载影响下复合顶板不同深度岩层的自稳能力由顶板下表面至深处逐渐增强。当变形达到一定程度时，复合顶板岩层自下而上将呈渐进式垮冒，直至自稳能力较强的岩层为止，即复合顶板逐层垮冒至一定高度后可形成相对稳定的自然平衡拱。当煤帮稳定性逐渐降低，自然平衡拱将逐步扩展为拱高与拱跨均有所增大的隐形平衡拱或扩展隐形平衡拱。在复合顶板变形破坏过程中，不同深度位置岩层既相互作用又相互影响，且作用的好坏与影响程度的高低跟二者的自稳能力密切相关。对下位岩层来说，当其自稳能力较强而保持稳定状态时，将为上位岩层提供必要的支撑而有利于上位岩层保持更好的稳定性；反之，当其自稳能力较弱而产生较大挠曲变形时，将会为上位岩层提供较大的变形空间，不利于上位岩层的稳定，即下位岩层对上位岩层的弯曲下沉起到催化剂的作用。而对上位岩层来说，当其自稳能力较强而保持稳定状态时，将会阻断上覆载荷向下位岩层传递的通道，减轻下位岩层的作用载荷，使其稳定性增强；反之，当其自稳能力较弱而难以自稳时，将作为下位岩层的作用载荷，加剧下位岩层的变形，与此同时，在上覆载荷向下位岩层传递过程中还起到媒介作用，使下位岩层的作用载荷持续增大，不利于下位岩层的稳定。由此可以看出，保持顶板岩体的连续性对维持自下而上渐次失稳工程特点的复合顶板稳定性具有重要意义。

复合顶板煤巷开挖支护后，支护结构所承担的载荷来源及其形式主要包括以下3个方面：（1）在煤巷复合顶板中受开挖卸载影响显著的浅部（自然平衡拱拱顶以下区域）岩层，自稳能力较低，易发生离层垮冒，其将成为支护结构的主要作用载荷，由于在特定条件下该区域载荷是一定的，不妨称其为"给定载荷"。（2）中部（自然平衡拱与扩展隐形平衡拱之间区域）岩层因浅部岩层对其的支撑大幅减弱而裂隙更加发育，但仍具有一定的自稳能力，并维持着平衡拱的稳定，在此期间仅以形变的形式对支护结构产生作用载荷，将其称为"形变载荷"；然而，由于煤巷帮部煤体强度较低，在集中应力作用下不可避免地产生塑性变形，从而导致煤帮对顶板的支撑能力降低，煤巷的有效跨度不断增大，顶板平衡拱矢高不断扩展，受此影响，中部岩层的自稳能力将逐步降低，甚至完全丧失，则其对支护结构的载荷形式也由"形变载荷"逐步向"给定载荷"转化。（3）深部（扩展隐形平衡拱拱顶以上区域）岩层受开挖卸载影响较小，基本处于稳定状态，其对支护结构施加的载荷形式为"形变载荷"。由此可以看出，复合顶板不同深度位置的岩层对支护结构产生的载荷形式不同，从而导致对顶板稳定性的影响程度也存在较大差异，深部岩层影响较小，中部岩层次之，浅部岩层影响最大，因此煤巷复合顶板支护过程中应将浅部岩层和中部岩层作为重点控制对象。

在顶板形成平衡拱天然承载结构的基础上，通过合理的人工支护使其与围岩形成稳定的支护承载结构是保证复合顶板煤巷在掘进、使用周期内稳定的关键。综合考虑不同深度位置（浅部、中部、深部）岩层对顶板稳定性的影响程度不同及其相互作用、相互影响，在对复合顶板支护时应遵循"支得牢、防得住、用得好"原则：（1）支护应能保证浅部岩层具有足够的刚度和强度，使其由"给定载荷体"转化为"浅部承载体"，即"支得牢"；（2）支护应有助于增强中部岩层的自稳能力，防止其由"形变载荷"向"给定载荷"过度转化，即"防得住"；（3）支护应有利于顶板岩层自承载能力的高效发挥，使其成为承载主体，即"用得好"。因此，针对赵庄矿矩形回采巷道复合顶板的结构特征及变形规律，以构建稳定的顶板承载结构为出发点，提出以预应力锚杆和锚索为支护主体的"梁－拱"承载结构耦合支护技术，煤巷复合顶板"梁－拱"承载结构如图6-11所示。

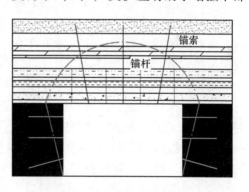

图6-11　煤巷复合顶板"梁－拱"承载结构模型

矩形断面煤巷复合顶板"梁－拱"承载结构耦合支护技术的基本原理为：充分发挥预应力锚杆和锚索的支护特性，在顶板浅部与中深部分别形成承载梁和承压拱结构，即实现支护体（预应力锚杆和锚索）与顶板围岩的耦合；同时，预应力锚杆和锚索支护形成的连续支护应力场在顶板中相互叠加，即实现复合顶板浅部承载梁结构与中深部承压拱结构间的耦合。"梁－拱"承载结构的耦合为卸载程度不同的顶板岩层提供了一定的应力补偿，使其应力状态得到改善，自承能力有所增强，从而实现"梁－拱"承载结构协同承载，提高煤巷复合顶板的控制效果。

矩形煤巷复合顶板"梁－拱"承载结构耦合支护技术具体体现在：

（1）浅部承载梁：采用预应力锚杆将复合顶板浅部薄分层岩层组合形成具有较高强度和刚度的浅部组合梁结构。

1）锚杆高剪切刚度及高预紧力性能的高效发挥能有效阻止分层岩层间产生剪切错动，降低离层的概率，高伸长率的特性使锚杆与岩层能更好地实现刚度耦合。

2）复合顶板经锚杆加固与支护后，其结构将由叠合梁变为组合梁，通过对由若干层具有相同厚度、弹性模量及容重的岩层所构成的简支叠合梁与组合梁进行力学分析[166]，可得出两种结构模型中岩梁跨中下表面的拉应力最大值之比 K 为：

$$K = \frac{\sigma_{max}}{\sigma_{max}^*} = \frac{n + \dfrac{5\lambda(n\pi B)^2}{4E(\pi h)^2 - 48\lambda(q + n\gamma h)B^2}}{1 + \dfrac{5\lambda(\pi B)^2}{4E(n\pi h)^2 - 48\lambda(q + n\gamma h)B^2}} \tag{6-25}$$

式中，σ_{max} 为叠合梁跨中下表面拉应力最大值，MPa；σ_{max}^* 为组合梁跨中下表面拉应力最大值，MPa；q 为岩梁所受的垂直载荷，MPa；n 为岩梁中岩层的分层数目；λ 为岩梁所受的侧压系数；B 为岩梁的跨度，m；E 为岩梁中各分岩层的弹性模量，MPa；h 为岩梁中各分岩层的厚度，m；γ 为岩梁中各分岩层的容重，kN/m³。

由式（6-25）可知，在其他条件不变的情况下，叠合梁与组合梁跨中下表面拉应力最大值之比 K 始终大于1，且比值随岩梁分层数目的增加近似呈线性增大。则锚杆锚固支护形成的浅部组合梁的抗弯刚度和强度明显增强，且岩层组合厚度越大效果越明显，从而有利于顶板应力向煤帮深处转移，降低煤帮损伤的同时有效抑制了顶板岩梁有效跨度的增大，增强顶板的稳定性。

3）形成的浅部组合梁为深部岩层提供必要的支撑，使上部岩层更加稳定的同时也降低了自身的作用载荷，顶板将整体处于稳定状态。

（2）中深部承压拱：采用高预应力锚索并将其锚固至平衡拱拱迹线以上的中深部岩层，加固形成中深部承压拱结构。

1）锚索具有的长度优势不但使组合的岩层层数更多，顶板整体抗弯刚度和强度增强更明显，而且能有效增强中部岩层的稳定程度并防止其对下部岩层的作用载荷形式由"形变载荷"向"给定载荷"转化。

2）合理长度的锚索在施加的高预紧力下使其锚固范围内岩层相互挤压，既能大幅增加分层间的正应力，抑制岩层间的剪切错动，增强顶板岩层的抗剪能力，又能保证复合顶板的连续性，进而充分调动中深部稳定岩层的自承载能力，使其成为承载主体。

3）锚索的安装将进一步巩固浅部组合梁结构，一方面，锚索的张拉预紧直接为浅部岩层提供了更强的预应力；另一方面，锚索的减跨作用使顶板的下沉挠度大幅降低。

6.4.3 基于"梁–拱"模型的煤巷复合顶板支护设计

矩形断面复合顶板煤巷支护参数设计时可以采用"梁–拱"支护设计理论作为支护参数设计的依据，下面介绍关键参数的确定方法。

6.4.3.1 矩形断面煤巷复合顶板锚索支护设计

A 锚索长度

由于锚索主要对复合顶板进行深部锚固后起到加强作用，锚索长度的计算公式为：

$$l_2 = l_{21} + l_{22} + l_{23} \tag{6-26}$$

式中，l_2 为锚索长度，m；l_{21} 为锚索外露长度，一般取 0.3m；l_{22} 为锚索的有效长度，根据复合层状顶板极限平衡拱矢高来确定，m；l_{23} 为锚入稳定岩层的长度，m。

依据式（5-23），按照扩展隐形平衡拱计算其极限平衡拱矢高，并以此作为锚索的有效长度 l_{22}，即：

$$l_{22} = b_3 = \frac{a \sqrt{(f/K)^2 + \lambda}}{\lambda} + \frac{af}{\lambda K} \tag{6-27}$$

锚入稳定岩层的长度 l_{23} 通过下式确定，即：

$$l_{23} = \frac{Kp}{\pi D \tau_r} \tag{6-28}$$

式中，K 为安全因数，一般取 1~3；p 为锚索的极限拉拔载荷，kN；D 为锚索钻孔直径，m；τ_r 为注浆体与岩体间的黏结力，MPa。

联立式（6-26）~式（6-28），即可求出锚索的长度。

B 锚索间排距

锚索间排距通过试算进行确定，单根锚索承受的上部岩体重量为 G，并有：

$$G = k_0 \gamma DS \tag{6-29}$$

式中，G 为单根锚索承受的上部岩体重量，kN；k_0 为动压影响系数，一般为 1~5；γ 为顶板岩体容重，kN/m^3；D 为锚索间排距，m；S 为冒落拱包络线内岩体截面面积，m^2。

单根锚索承受的上部岩体载荷确定后，即可根据所选锚索类型试算锚索间排距，通过若干次调整，即可确定锚索的间排距。

6.4.3.2 矩形断面煤巷复合顶板锚杆支护设计

根据第 5 章矩形断面煤巷复合层状顶板破坏范围及形态研究所得结论，巷道开挖后顶板的变形范围主要集中在复合顶板冒落拱内。因此，巷道顶板组合梁支护的载荷主要是冒落拱内松散岩体的重量。

A 锚杆有效长度的确定

对于煤巷复合顶板，锚杆将下部若干层岩梁锚固为组合梁，则组合梁厚度应保证在冒落拱内岩体松动载荷作用下组合梁跨中下侧最大拉应力低于其抗拉强度，即：

$$\sigma'_{\max} = \frac{6}{bH'^2}\left(M'_0 + \frac{\delta'_0}{\frac{1}{N'} - \frac{1}{N'_E}}\right) < \sigma_{\mathrm{t}} \tag{6-30}$$

式中，$\sigma'_{\max}$ 为组合梁跨中下侧最大拉应力，MPa；H' 为组合梁厚度，m；b 为巷道顶板纵向单位宽度，m；M'_0 为组合梁所受最大弯矩，kN·m；N' 为组合梁横截面所受水平载荷，$N' = \lambda qs'$；s' 为组合梁横截面面积，m^2；q 为组合梁所受垂直均布载荷，kN；λ 为岩梁所受侧压力系数；δ'_0 为组合梁的挠度，m；N'_E 为与岩梁弹性模量和惯性矩相关的系数，$N'_E = \frac{\pi^2 E' I'}{l^2}$；$l$ 为岩梁跨度，m；E' 为组合梁的当量弹性模量，GPa；I' 为组合梁的惯性矩，m^4；σ_{t} 为最下层岩梁的抗拉强度，MPa。

通过试算所得岩梁的组合厚度即为所需锚杆的有效长度。

B　锚杆长度的确定

锚杆长度由下式确定，即：

$$l_1 = l_{11} + l_{12} + l_{13} \tag{6-31}$$

式中，l_1 为锚杆长度，m；l_{11} 为锚杆外露长度，0.1m；l_{12} 为锚杆有效长度，岩层组合厚度，m；l_{13} 为锚入稳定岩层内的长度，一般为 0.3m。

C　锚杆间排距

对于组合梁锚杆的作用是将顶板下部多层岩梁锚固为整体。因此，锚杆间排距需保证岩体具有较高的整体性。通常间距和排距相等，工程实际中，多采用经验公式、工程类比、数值模拟等方法试算确定。

6.4.4　矩形断面综掘煤巷复合顶板分步支护技术

受掘进开挖影响，煤巷复合顶板应力显著降低，从而导致顶板岩层的承载能力大幅减弱，挠曲变形逐渐增大，而及时地对顶板采取支护措施能有效防止顶板变形过大而失稳，所以支护工序就成为煤巷掘进施工过程中不可或缺的工序之一。然而，由于忽视了煤巷综掘工作面开挖的空间效应，在掘进过程中往往采取一次性的方式来完成永久支护，导致支护工序成为掘进循环中用时最长的工序，从而大幅降低了掘进机的开机率，限制了掘进速度的提升，最终可能造成矿井出现采掘关系紧张的不利局面。因此，如何才能缩短支护用时，提高掘进机的开机率，从而实现煤巷的快速综掘是诸多矿井都面临的重大难题。

通过第 3 章综掘煤巷复合顶板稳定演化规律分析可知，综掘煤巷具有显著的开挖面空间效应，即在综掘工作面不断向前推进过程中，由于受迎头支撑作用影响，综掘煤巷复合顶板的弹塑性变形不是一次性、瞬间释放的，从而导致复合顶板的应力重分布也不能一次性、瞬间完成。由此可知，受开挖面空间效应影响，开挖面空间效应影响范围内的复合顶板比其范围外（离迎头更远处）复合顶板的应力状态更好，自稳能力更强，所以将用于使煤巷保持长期稳定的支护强度适当地降低用来控制开挖面空间效应影响范围内的复合顶板是可行的。基于此，为了缩短支护用时，提高开机率，最终实现赵庄矿复合顶板煤巷的快速综掘，结合其工程地质条件和综掘施工条件，提出综掘煤巷复合顶板分步支护技术，即将综掘煤巷的永久支护分为两步进行施工。

（1）及时安全支护：为保证综掘施工的安全而及时采取的一种永久支护，即在保证掘进施工安全的前提下，通过适当降低支护强度的支护方式对围岩进行及时支护，及时安全支护紧跟临时支护进行施工，使复合顶板由空顶区快速地进入支护区，有利于减小早期变形，防止复合顶板空顶时间过长而导致失稳。

（2）滞后稳定支护：为实现复合顶板煤巷的长期稳定而采取的一种永久支护，即滞后及时安全支护一定距离，采用一定支护强度的支护方式再对及时安全支护范围内围岩进行巩固支护，从而使煤巷围岩保持长期稳定，滞后稳定支护可以与迎头处掘进相关工序实行平行作业，有利于加快成巷速度。

当采用"梁－拱"承载结构耦合支护技术来控制综掘煤巷复合顶板且分步支护时，便可在复合顶板中形成二阶"梁－拱"承载结构（见图6-12），从而能进一步调动深部顶板的承载能力，使复合顶板和支护系统的稳定性进一步得到增强，分步支护结构在顶板中形成的支护应力场如图6-13所示。

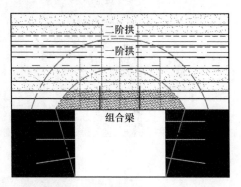

图 6-12　二阶"梁－拱"承载结构模型

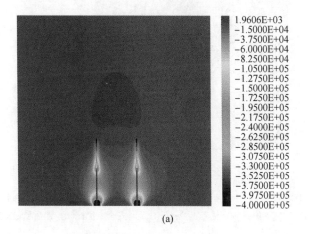

（a）

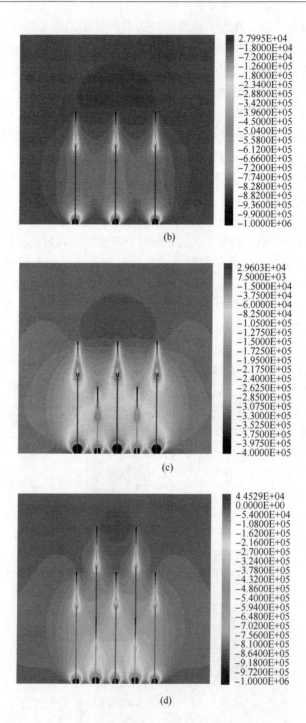

图 6-13 彩图

图 6-13　分步支护在顶板中形成的支护应力场（单位：Pa）
(a) 锚杆支护；(b) 锚索支护；(c) 及时安全支护；(d) 滞后稳定支护

　　综掘煤巷复合顶板分步支护技术与传统的一次性支护技术相比，可以适当缩短掘进循环作业时间，提高开机率，有利于提高煤巷的综掘速度。然而，必须注意的是，及时安全支护的支护强度与滞后稳定支护的滞后支护距离是煤巷综掘复合顶板分步支护技术中最为关键的两个参数，其合理性将直接影响掘进施工的安全性、综掘速度的提升幅度及煤巷围岩的最终稳定程度。同时，由于及时安全支护的支护强度与滞后稳定支护的滞后支护距离受围岩条件、施工参数等诸多因素影响，所以应结合具体工程地质条件进行合理设计。

6.5　本章小结

　　（1）基于赵庄矿煤巷综掘施工现状及其围岩稳定控制技术，分析了围岩防控对策对煤巷综掘速度的影响原因，进而指出快速综掘煤巷围岩的控制思路。

　　（2）论述了锚杆（索）、托梁（钢带）和钢筋网对围岩的作用机理；研究了锚杆（索）对煤巷复合顶板的锚固支护作用，并分析了锚杆预紧力及其布设间距、锚索与锚杆协调支护时锚索长度、预紧力及布设间距对支护应力场分布的影响规律。

　　（3）针对煤巷复合顶板变形破坏机制，提出以预应力锚杆和锚索为支护主体的"梁－拱"承载结构耦合支护技术，阐述了基于"梁－拱"结构模型的煤巷复合顶板锚杆（索）设计方法，该方法强调采用组合梁厚度确定复合顶板的锚杆有效长度，根据扩展隐形极限平衡拱矢高确定顶板锚索的有效长度。该设计方法为矩形断面巷道复合顶板锚杆（索）支护的优化设计提供了重要理论依据。与此同时，考虑到综掘工作面的空间效应，提出了综掘煤巷复合顶板的分步支护技术。

7 工 程 应 用

分析得出矩形断面复合顶板煤巷综掘速度制约因素是实现巷道安全、快速掘进的关键。本章首先通过现场调研及问卷调查进行因子分析得知影响赵庄矿复合顶板煤巷综掘速度的因素，进而分析了复合顶板煤巷快速综掘的实施途径。基于复合顶板"梁－拱"承载结构耦合支护原理及综掘煤巷分步支护技术，选取赵庄矿 53122 回风巷为试验巷道，开展复合顶板煤巷综掘的现场试验，通过对矩形断面综掘煤巷围岩稳定性控制和综掘速度提升效果的综合评价，验证其理论的可行性及工程适用性。

7.1 矩形断面复合顶板煤巷综掘施工现状

7.1.1 矩形断面复合顶板煤巷综掘施工方案

赵庄矿煤巷掘进方式为综合机械化掘进，作业方式为掘支单行，一次成巷。

7.1.1.1 综掘设备

EBZ200 掘进机进行破煤、装煤，配套 EZQ-300 型转载机、DTL-80 型带式输送机组成综合机械化掘进系统。两台 CMM2-18 型液压钻车完成顶帮锚索（锚杆）的钻眼锚注工作。主要设备技术特征如表 7-1 所示。

表 7-1 煤巷掘进施工主要设备技术特征

设备名称	型号	规 格			功率/kW	能 力	备注
		长度/m	宽度/m	高度/m			
掘进机	EBZ200	10.4	3.2	1.72	350	最大截割宽度 5.67m，最大截割高度 4.5m，运输能力 300t/h	适应倾角 ±18°
转载机	EZQ-300	17	0.8	—	15	300t/h	—
带式输送机	DTL-80	—	0.8	1	74	400t/h	适应倾角 ±12°
液压锚杆钻车	CMM2-18	3.9	1.3	3.2	45	最大支护高度 6m	爬坡能力 ±12°

7.1.1.2 施工作业

A 工艺流程

交接班 → 延长皮带 → 割煤 → 敲帮问顶 → 临时支护 → 永久支护 → 验收,安全检查贯穿于整个综掘施工与检修过程中。

B 落煤、装煤、运煤

掘进机截割头首先从巷道左顶角进刀,进刀深度为 0.3 ~ 0.6m,由左向右,自上而下呈"S"形截割,严格按照截割运行曲线(见图 7-1)的尺寸要求截割至一个循环深度为止,再修巷帮以达到设计要求。落煤经铲板部的弧形五齿星轮装至第一运输机内,再转至转载机,最后通过带式输送机外运。

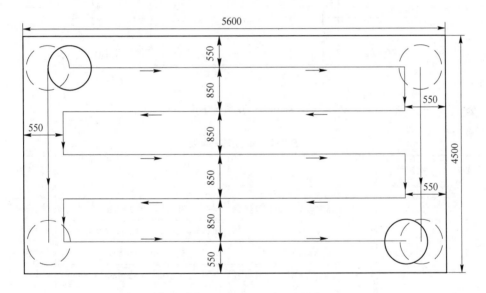

图 7-1 截割运行曲线示意图(单位:mm)

C 支护作业

待巷道截割成型并出煤完成后退出掘进机组,将两台 CMM2-18 液压锚杆钻车开至掌子面(永久支护下方),空顶范围内分两排分别进行临时支护和永久支护,巷道支护方案及参数如图 7-2 和表 7-2 所示。支护工艺流程为:敲帮问顶 → 网片放至液压锚杆钻车的超前临时支护装置上 → 调整液压锚杆钻车 → 调整网片 → 超前临时支护装置抬升为顶板提供初撑力 → 联网 → 永久支护 → 第二排临时支护 → 第二排永久支护。

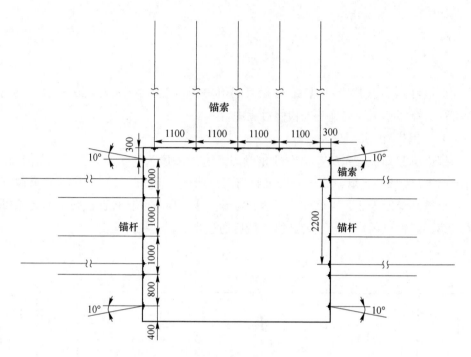

图 7-2 煤巷支护方案（单位：mm）

表 7-2 煤巷支护参数

支护部位	间排距/mm × mm	支护材料	规　格	预紧力/kN
顶板	1100 × 1200	锚索（高强度低松弛钢绞线）	SKP22-1/1720-6400	≥250
		锚索托盘	300mm × 300mm × 16mm（可调心）	
		钢筋托梁	4500 × 80/10-100 × 80	
		金属网	1350mm × 5200mm	
		树脂药卷	MSK2335 和 MSZ2360	
巷帮	1000 × 1200（锚杆）2200 × 2400（锚索）	锚杆（左旋无纵筋螺纹钢）	MSGLW-500/22-2400	≥150
		锚杆托盘	150mm × 150mm × 10mm	
		W 钢带护板	400mm × 280mm × 4mm	
		锚索（高强度低松弛钢绞线）	SKP22-1/1720-5400	
		锚索托盘	300mm × 300mm × 16mm	
		金属网（北帮）	1350mm × 4600mm	
		塑料网（南帮）	1350mm × 4600mm	
		树脂药卷	MSK2335 和 MSZ2360	

D 施工组织管理

煤巷掘进期间，按正规循环作业实行多循环方式作业，工作制度为"三八"制，两班半掘进，半班检修。正规循环作业图表如图7-3所示。

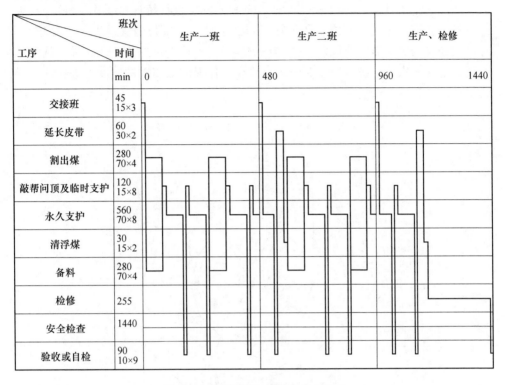

工序	班次时间	生产一班	生产二班	生产、检修
	min	0 480		960 1440
交接班	45 15×3			
延长皮带	60 30×2			
割出煤	280 70×4			
敲帮问顶及临时支护	120 15×8			
永久支护	560 70×8			
清浮煤	30 15×2			
备料	280 70×4			
检修	255			
安全检查	1440			
验收或自检	90 10×9			

图7-3 煤巷掘进正规循环作业图表

7.1.2 矩形断面复合顶板煤巷综掘速度现状

赵庄矿煤巷现有掘进工艺主要包括割煤、敲帮问顶、临时支护、永久支护、清理浮煤、备料、延长皮带、接风筒、检修等。据施工现场对掘进施工组织及各工序用时统计分析可知，在如此繁杂的工序中，既有可平行作业的工序，如割煤与备料间，又有必须单行作业的工序，如割煤与永久支护间。同时，掘进作业循环中各工序耗时差别较大，用于永久支护的时间最长，占掘进循环总时间的60%，用于割煤的时间次之，耗时最短的是延长皮带、临时支护等其他工序，不同工序用时占比如图7-4所示。

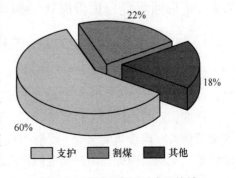

图7-4 不同工序用时占比统计

按正规循环作业时，每天施工 4 个循环，循环进尺为 2.4m，则日进尺为 9.6m。然而煤巷实际施工过程中，由于受到多种因素的影响，导致正规循环率较低，甚至造成生产组织无法有序开展，最终严重影响煤巷的掘进速度。据矿方提供的煤巷施工日志，将机掘六队全年的施工日志进行统计（见图 7-5），在掘进设备、巷道断面规格及施工队伍等不变的条件下，每月的掘进进尺差异较大，月最大进尺为 259.2m，月最小进尺为 176.4m，平均进尺约为 214m/月。从整体上看，赵庄矿煤巷的掘进速度偏低，与采煤工作面的快速推进速度无法相比，导致采掘出现严重失调。

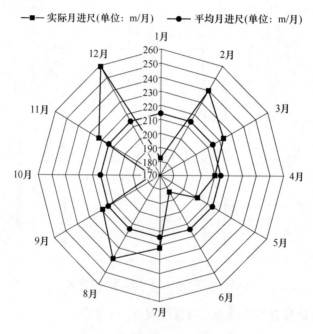

图 7-5　煤巷掘进月进尺统计

7.2　矩形断面复合顶板煤巷综掘速度制约因素

7.2.1　复合顶板煤巷综掘速度制约因素的基本构成

煤巷综掘是由破、装、运、支等多工序构成的复杂施工工艺，由此决定了掘进速度影响因素的复杂性，综掘速度除受制于成套装备的机械化程度及各工序间的协调度，还与围岩的工程地质条件、职工的专业技能素质及组织管理水平等因素密切相关。换个角度来看，煤巷综掘又是由人、机、环境和管理等多个因素构成的系统工程，因此，综掘速度的快慢取决于人、机、环境及管理这几大因素的综合影响程度。

7.2.1.1 人为因素

人为因素是煤巷综掘生产系统的核心影响因素。在煤巷综掘过程中，各工种人员均会受多方面因素制约而影响其岗位职责的履行情况，导致无法实现工作效率最大化，最终影响煤巷的掘进速度。

综掘机司机对综掘机操作的熟练程度，某种程度上决定了割煤时间的长短、自动装载效果及巷道成型质量的好坏，直接影响掘进效率。业务水平高的支护工在缩短支护时间、保证支护质量等方面发挥积极作用。运输设备司机对转载机、带式输送机等设备的操纵水平，关系到截割的煤（岩）体能否实现连续运输，直接影响掘进速度。此外，综合素养较高的司机对相应设备的规范使用、维护保养及故障诊断等方面直接或间接起到关键作用。在机电设备种类繁多的综掘生产系统中，机、电维修工的专业技术水平对机、电设备的高效运转、维护保养质量、故障诊断及处理等起到决定性作用。管理人员的组织、管理水平是实现施工安全、保证施工质量、设备合理配置与使用、工序有序衔接等的根本保证。

7.2.1.2 机器因素

煤巷综掘生产系统的机器因素是指各种设备的可靠度及设备间的匹配度。由于煤巷综掘实现了破、装、运、支等工序的机械化，涉及的设备众多，工作负荷大，施工环境恶劣，设备的可靠性及设备间的匹配度对综掘速度起着决定性作用。煤巷综掘生产系统中，掘进机、锚杆钻机、转载机、带式输送机等设备的元部件使用性能、自动化程度及除尘效果等都直接关系到煤巷的掘进速度，可靠性良好的设备可降低故障率和延长设备使用寿命，进而提高掘进正规循环率，加快掘进速度。同时，由工作性能俱佳的多种设备构成的掘进生产系统，匹配度高时能保证掘进过程中各工序的协调性，减少空闲时间，提高开机率，进而提升施工效率。

7.2.1.3 环境因素

煤巷综掘过程中对掘进速度影响最显著的环境属于地质条件，地质条件主要指的是掘进工作面煤（岩）体的应力状态、岩性、结构、力学性能、地质构造、瓦斯含量及涌水量等。地质条件的复杂程度不同，会直接影响掘进工作的工程设计、工艺选择、人员配置、设备配备、施工组织等，进而对掘进速度产生不同程度的影响。总体上讲，地质条件越复杂，对掘进速度的影响就越大；反之，地质条件越简单，越有利于实现煤巷的快速掘进。就顶板稳定性较好的煤巷掘进来说，在断面形状设计时优先采用掘进速度快、成型质量好的矩形断面；由于支护难度小，能大幅缩短支护时间；空顶距增大后甚至可以实现掘支平行作业，使开机率显著提高等。

7.2.1.4 管理因素

煤巷综掘生产系统中，针对具体环境而配备相应的掘进设备及专业技术人员是实现掘进工作正常开展的前提，施工组织管理水平则成为影响掘进速度的关键因素。科学合理的施工组织管理是保持设备处于良好运行状态、激发职工潜力及工作积极性、提升团队协作能力、实现工序有序衔接及安全生产等的重要保证。一旦出现管理混乱，设备故障率上升而严重影响生产的连续性，因奖罚不明而使职工工作积极性减弱，因职责不清而使工序无法正常衔接等，最终影响掘进速度及施工质量，甚至诱发安全事故。

7.2.2 复合顶板煤巷综掘速度制约因素因子分析

准确找出煤巷综掘速度的制约因素进而提出针对性的改进措施，对于进一步提高煤巷综掘速度具有重要意义。然而，由于煤巷综掘速度的制约因素涉及人员、设备、环境和管理等多个方面，且具有复杂多变特征，从而导致不同矿井甚至同一矿井不同采区煤巷综掘速度的制约因素都不尽相同，所以寻求综掘速度的制约因素时不能一概而论，而应根据具体掘进工程条件进行具体分析。因此，本书针对赵庄矿煤巷综掘施工现状，在影响煤巷综掘速度的众多因素中分析得出主要制约因素，从而为寻求煤巷快速掘进的解决途径提供依据。

7.2.2.1 调查表设计与问卷调查

在借鉴已有的煤巷掘进制约因素研究成果的基础上，通过广泛征求专家意见和实地调研，最终形成影响赵庄矿煤巷综掘速度的因素调查表。该调查表设计了包括装备条件、器材条件、围岩条件、技术条件、职工综合素质和管理能力在内的 6 个煤巷综掘速度制约因素，并进一步设置包括综掘机型号、支护参数和班组管理等 28 个指标。每个指标采用李克特五级量表赋分法，5 个备选项按其对综掘速度的影响程度依次划分为"极小、较小、一般、较大、极大"，且赋值由 1 分到 5 分逐次递增。

本次问卷调查主要以赵庄矿的生产矿长、总工程师、掘进副总、生产技术部负责人、掘进队负责人、技术员、班组长、工程师及部分一线职工等为调查对象。本次调查累计发放了 230 份问卷，回收问卷共 210 份，回收率为 91.3%。回收的调查问卷中，有效问卷为 197 份，有效率为 93.8%。

7.2.2.2 量表因子分析的适合度检验

A 信度分析

调查问卷的可靠性程度体现了观测数据的质量，可靠性过低的问卷就失去进一步开展统计分析的意义，而信度就是用来衡量问卷可靠性的指标，因此，对问卷进行信度分析是对其统计分析的前提。本次采用克朗巴哈信度系数法（Cronbach's α）对调查问卷结果进行信度评判，运用 SPSS19.0 对赵庄矿煤巷综掘速度影响因素量表进行信度分析，结果如表 7-3 所示。综合表 7-3 和量表信度评判标准（表 7-4）分析可知，Cronbach's α 的值介于 0 和 1 之间，且越逼近 1 信度越高,即量表内项目的内部一致性及使用价值越高;赵庄矿综掘速度影响因素量表的 Cronbach's α 系数达到 0.819,说明此量表的信度是可接受的,即赵庄矿综掘速度影响因素量表通过了信度检验。

表7-3 赵庄矿综掘速度影响因素量表信度分析结果

Cronbach's α	项目数
0.819	28

表7-4 量表信度评判标准

量表 α 系数	结 果 评 判
$0 \leqslant \alpha < 0.7$	信度太低(无使用价值)
$0.7 \leqslant \alpha < 0.8$	信度较低(仅具参考价值)
$0.8 \leqslant \alpha < 0.9$	信度较高(具有使用价值)
$0.9 \leqslant \alpha \leqslant 1$	信度很高(高使用价值)

B 效度分析

效度是指测量的有效性,即表征了测量手段或工具能获得欲测量结果的准确度,而结构效度、准则效度和内容效度是其3种基本类型。本次重点对问卷的结构效度予以检验,结构效度也称构想效度,是指通过测量手段或工具实际测得所要测量的理论结构和特质的程度。结构效度检验的常用方法之一就是因子分析,由于变量间的相关性强弱决定了能否提取公因子,所以并非所有问卷都适合做因子分析,因此,对变量开展相关性程度检验是对变量进行因子分析的先行环节,相关性程度的检验可以通过 KMO 和巴特利球形检验来完成[222-225]。

KMO 检验是指通过对多变量间的简单相关系数及偏相关系数进行比较,进而依据统计量的大小来评判数据做因子分析的适合度。KMO 度量值介于 0~1,且随度量值的逐渐减小,适合度逐步降低。一般而言,KMO $\geqslant 0.9$,非常适合;$0.8 \leqslant$ KMO < 0.9,很适合;$0.7 \leqslant$ KMO < 0.8,适合;$0.6 \leqslant$ KMO < 0.7,不太适合;$0.5 \leqslant$ KMO < 0.6,很勉强;KMO < 0.5,不适合对其进行因子分析。

巴特利球形检验是指通过对多变量的相关系数矩阵的行列式进行计算,进而依据检验所得统计量的数值大小、用户设定的显著性水平 P_0 与统计量所对应的相伴概率值 P 的相对大小来综合评判变量是否适合做因子分析。若巴特利球形检验统计量较大且 $P < P_0$ 时,表明该变量适合做因子分析;反之,变量不适合做因子分析。

本次采用 SPSS19.0 对影响赵庄矿综掘速度的因素调查问卷进行效度分析,KMO 和巴特利球形检验结果如表 7-5 所示。

表 7-5　KMO 和巴特利球形检验结果

取样足够大的 KMO 度量		0. 816
Bartlett 的球形度检验	近似卡方	5493. 829
	df	378
	Sig.	0. 000

　　由表 7-5 可知，影响赵庄矿煤巷综掘速度的因素调查表的 KMO 度量值为 0. 816，表明本次问卷数据很适合进行因子分析；Bartlett 球形检验的近似卡方值为 5493. 829，且与其对应的相伴概率值 P 仅为 0. 000，小于显著性水平 0. 05，再次说明本次问卷数据适合做因子分析。

7. 2. 2. 3　因子分析

　　因子分析属于多元统计分析的重要分支，其通过对多个原始变量间的相关性探索，并依据相关性大小将原始变量划分为若干组，即利用少量因子变量描述多个原始变量信息，进而通过建立起的简易概念系统对事物间复杂关系予以揭示。

A　因子分析的数学模型

　　本书所采用的 R 型因子分析数学模型如下：

　　假设观测变量为 p 个，用 $X_i(i=1,2,\cdots,p)$ 表示，且任一变量经标准化处理后的均值为 0，方差为 1。将任一变量 $X_i(i=1,2,\cdots,p)$ 用 $m(m\leqslant p)$ 个由公因子的线性组合与特殊因子二者之和来表示，即：

$$X_i = b_{i1}F_1 + b_{i2}F_2 + \cdots + b_{im}F_m + e_i \tag{7-1}$$

式中，$F_1,F_2,\cdots,F_m$ 为公共因子；e_i 为 X_i 的特殊因子。式（7-1）的矩阵形式为：

$$X = BF + e \tag{7-2}$$

其中：

$$X = \begin{bmatrix} X_1 \\ X_2 \\ \vdots \\ X_p \end{bmatrix}, \quad F = \begin{bmatrix} F_1 \\ F_2 \\ \vdots \\ F_p \end{bmatrix}, \quad e = \begin{bmatrix} e_1 \\ e_2 \\ \vdots \\ e_p \end{bmatrix}, \quad B = \begin{bmatrix} b_{11} & b_{12} & \cdots & b_{1m} \\ b_{21} & b_{22} & \cdots & b_{2m} \\ \cdots & \cdots & \cdots & \cdots \\ b_{p1} & b_{p2} & \cdots & b_{pm} \end{bmatrix}$$

式中，B 为因子载荷矩阵；b_{ij} 为因子载荷，表示第 i 个变量在第 j 个公共因子上的负荷。

　　并且满足以下条件：

　　（1）$\mathrm{cov}(F,e)=0$，即 F 与 e 是不相关的。

　　（2）$D_F = D(F) = \begin{bmatrix} 1 & & & 0 \\ & 1 & & \\ & & \ddots & \\ 0 & & & 1 \end{bmatrix} = I_m$，即 F_1，F_2，$\cdots$，F_m 不相关，且方

差均为 1。

$$(3)\ D_e = D(e) = \begin{bmatrix} \sigma_1^2 & & & 0 \\ & \sigma_2^2 & & \\ & & \ddots & \\ 0 & & & \sigma_p^2 \end{bmatrix},\ \text{即}\ e_1,\ e_2,\ \cdots,\ e_p\ \text{不相关且方差不同。}$$

B 因子提取

将 197 份有效问卷的数据录入 SPSS19.0 后，选取主成分分析法，通过对量表的相关系数矩阵进行计算，并根据 Kaiser 准则提取特征值不小于 1 的影响因素，本次共提取 5 个公因子，其累计贡献率为 66.803%，如表 7-6 所示，表明这 5 个因子基本囊括了问卷的监测信息。

表 7-6　总方差解释表

成分	初始特征值			提取平方和载入		
	合计/%	方差/%	累计/%	合计/%	方差/%	累计/%
1	6.114	21.836	21.836	6.114	21.836	21.836
2	5.067	18.095	39.931	5.067	18.095	39.931
3	3.389	12.105	52.037	3.389	12.105	52.037
4	2.487	8.881	60.918	2.487	8.881	60.918
5	1.648	5.885	66.803	1.648	5.885	66.803
6	0.997	3.560	70.363			

同时，应用 Cattell 准则输出因子碎石图（见图 7-6），从图 7-6 可以看出，所有成分按其特征值的变化幅度可分两个阶段，前 5 个成分的特征值变化剧烈，第 6 个至第 28 个成分的特征值变化幅度较小。综合总方差解释表和碎石图，本书提取 5 个对原始变量信息解释具有显著作用的主成分。

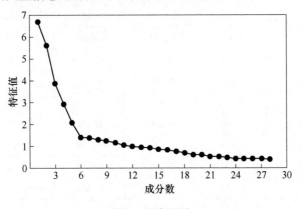

图 7-6　碎石图

C　因子命名

为了通过清楚的因子载荷结构对上述提取的 5 个因子含义进行明晰描述,进一步应用方差极大法对所得的因子载荷矩阵进行正交旋转,结果如表 7-7 所示。

表 7-7　旋转后的因子得分

变　量	因　子				
	1	2	3	4	5
掘进机性能	− 0.032	0.237	**0.892**	0.029	0.124
液压钻车性能	− 0.052	0.313	**0.707**	0.219	0.005
设备配套合理性	− 0.002	0.209	**0.884**	0.025	0.112
钻头钻杆	0.503	0.048	0.142	− 0.029	− 0.035
锚固剂	0.142	0.328	0.424	0.219	− 0.163
围岩岩性	0.002	**0.951**	0.101	− 0.066	0.047
岩层结构及构造	0.004	**0.956**	0.105	− 0.071	0.065
地应力影响程度	0.014	**0.942**	0.131	− 0.077	0.073
瓦斯地质预报水平	− 0.021	− 0.288	0.528	− 0.103	0.086
地质构造预报水平	0.519	0.114	− 0.056	0.075	0.329
支护设计理念先进性	**0.902**	0.003	− 0.021	− 0.035	0.045
空顶距	**0.894**	0.027	− 0.054	− 0.039	0.072
支护参数的合理性	**0.931**	0.024	− 0.016	− 0.022	0.090
支护工艺是否合理	**0.761**	− 0.136	− 0.124	− 0.006	0.006
定额的合理性	− 0.152	0.480	0.045	− 0.126	0.374
设备管理	− 0.210	0.563	0.276	0.130	− 0.252
奖惩制度	0.518	− 0.024	0.126	0.100	0.590
工序衔接	0.072	0.269	0.530	0.180	0.114
班组管理	0.124	0.132	0.165	− 0.132	**0.742**
正规循环	0.495	− 0.161	− 0.049	0.044	**0.603**
质量管理	0.278	0.145	− 0.538	− 0.007	0.299
安全管理	0.181	0.492	0.204	0.135	− 0.461
熟练程度	0.014	0.003	0.068	**0.970**	− 0.047
干部组织协调能力	0.001	0.003	0.101	**0.928**	0.000
团队协作能力	− 0.004	− 0.032	0.044	**0.963**	− 0.048
应急处理能力	− 0.419	0.279	0.387	− 0.210	0.212
文化水平	0.312	0.527	0.550	0.116	0.202
敬业精神	− 0.164	− 0.155	0.260	0.388	0.403

　　由表7-7可知，制约赵庄矿煤巷综掘速度的因素主要包括5个公共因子，并根据各因子所包含变量的总体属性分别对公共因子进行命名。

　　第1个关键因子：围岩安全控制技术因子。由"支护参数的合理性""支护设计理念先进性""空顶距"和"支护工艺是否合理"4个变量组成。

　　第2个关键因子：工程地质环境因子。由"岩层结构及构造""围岩岩性"和"地应力影响程度"3个变量组成。

　　第3个关键因子：掘进装备因子。由"掘进机性能""设备配套合理性"和"液压钻车性能"3个变量组成。

　　第4个关键因子：职工素质因子。由"熟练程度""干部组织协调能力"和"团队协作能力"3个变量组成。

　　第5个关键因子：施工管理因子。由"班组管理"和"正规循环"2个变量组成。

7.2.3　复合顶板煤巷快速综掘的实施途径分析

　　对于受纷繁复杂因素影响的煤巷综掘来说，能否进一步提高煤巷的综掘速度，关键在于能否准确把握影响煤巷综掘的关键因素，进而寻求出实现煤巷快速掘进的途径，采取针对性的措施予以解决。因此，在对赵庄矿复合顶板煤巷快速综掘影响因素进行因子分析的基础上，围绕提取的5个影响因子对赵庄矿复合顶板煤巷实现快速综掘的途径做出分析，为煤巷实现快速综掘指明具体的研究方向。

　　影响煤巷快速综掘的工程地质环境因子属于天然存在的而不受人工活动影响的因素，其主要由煤系地层的成岩作用、成岩年代及地壳运动等决定，巷道掘进过程中无法改变。煤岩体及其围岩作为掘进破岩及支护的作用对象，其物理力学性能、结构及应力状态对掘进设备的选择和空顶距的大小产生决定性影响，进而影响支护参数、施工工序及劳动组织等，最终对掘进速度产生影响，所以工程地质环境因子又是影响煤巷快速综掘的最根本因素。因此，为了实现煤巷的快速综掘，开展工程地质环境因子方面的研究虽然不能直接通过因子自身来提高煤巷的掘进速度，但其在设备选择、支护设计、施工工序安排等方面起到的提供依据的作用是不容忽视的。

　　目前，煤巷综掘作业线有3种类型，各种作业线都具有各自的优缺点和适用条件。悬臂式掘进机配合液压钻车掘进作业线对工程地质条件适应性强，但掘进效率不高。掘锚联合机组与悬臂式掘进机相比，掘进效率及施工安全性明显提高。连续采煤机组配合锚杆钻车掘进作业线在煤巷掘进中具有较明显的效率优势，但主要适用于顶底板条件较好的双巷或多巷掘进。不难看出，掘进装备因子之所以成为影响赵庄矿煤巷快速综掘的关键因素，除了与现有的煤巷掘进工艺系统自身特点有关外，还跟掘进机的规格型号、截割轨迹、后配套设备性能等密切相关。因此，从掘进装备因子角度来看，为了实现赵庄矿煤巷的单巷快速掘进，可以从两个方面入手：一方面对现有的装备系统进行改造升级，增强系统的整体性能；另一方面，在深入研究工程地质环境、掘锚联合机组作业线的适用条件及二者间适合度的基础上，尝试采用掘进效率更高的掘锚联合机组掘进系统取代现有的悬臂式掘进机配合液压钻车掘进系统。

人作为生产系统中的重要因素之一，人员素质对生产效率的影响巨大，尤其对从事技术性强的巷道综掘工作来说，由于环境复杂多变、机械设备众多、工序繁杂，职工的熟练程度、团队协作能力、干部组织协调能力等对生产安全、掘进效率具有重大意义。赵庄矿掘进施工队伍数量多，既有矿方自己的掘进队，也有部分外包队，施工队伍结构相对复杂，职工流动性较大，从而导致施工队伍战斗力不强，最终影响掘进速度的进一步提高。因此，通过构建职工培训体系及掘进队伍建设长效机制，提升职工业务水平，增强队伍的战斗力及稳定性，将是赵庄矿实现快速掘进的重要途径之一。

在工程地质条件、掘进装备及一线职工一定的条件下，施工管理的科学合理性在某种程度上对煤巷掘进速度起着决定性作用。巷道掘进的各工序是由多工种和多设备共同协作完成的，职工的工作积极性、设备的工作状态、职工与职工之间的协作配合关系、设备与设备间的配套关系、工序与工序间的衔接等直接影响掘进效率的因素与组织管理水平密不可分。科学的组织管理能激发职工的工作积极性、保证掘进设备处于良好的工作状态、增强各工序间的衔接性，从而使掘进循环用时缩短，设备的开机率得以提高，同时有利于提高施工安全和施工质量，最终实现煤巷的安全高效掘进。因此，着力提升组织管理水平是实现煤巷快速掘进的另一重要途径。

巷道支护是为保证围岩稳定而采取的各种措施，巷道支护形式及参数的合理性对围岩稳定程度、施工安全性、支护耗时长短、支护成本高低等产生直接影响。就赵庄矿所采用的锚网索联合支护来说，若通过增加支护密度来提高支护强度，虽然有利于增强围岩的稳定性和施工的安全性，但会导致支护成本增加，支护工序用时延长，掘进速度降低。反之，若通过减小支护密度来降低支护成本和加快掘进速度，可能导致围岩支护强度不够，围岩容易发生严重变形失稳，甚至引发安全事故，最终影响巷道的安全、高效掘进。当然，支护参数中不仅仅是支护密度会影响巷道的掘进速度，不同的锚杆（索）类型及长度、锚固方式、预紧力等均会对掘进速度产生重要影响。因此，通过对支护形式及参数进行优化设计，寻求出既能保证生产安全又能缩短支护用时的支护形式及参数，也是实现煤巷快速掘进的有效途径之一。

综上所述，制约赵庄矿煤巷快速综掘的因素是多方面的，而关键因素包括围岩安全控制技术因子、工程地质环境因子、掘进装备因子、职工素质因子和施工管理因子。工程地质环境是人为无法改变而对整个掘进系统各环节均会产生重要影响的因素。掘进装备的配备主要受工程地质环境、巷道布置方式及组织管理影响。支护技术主要受工程地质环境制约，同时又对施工组织产生影响。职工作为掘进工作的实施者和管理者，其专业技术素养及组织管理能力关系到施工安全、施工质量、工序衔接等各个方面。由此可以看出，各影响因素并非孤立的，而是相互作用、相互影响的，任何一个因素的潜能未充分发挥都会最终影响掘进速度的进一步提高。因此，围绕影响煤巷快速综掘的几大关键影响因素开展全面研究，是实现煤巷快速综掘的根本途径。

7.3　试验煤巷工程地质条件

53122 巷为 5312 综采工作面的回风巷，东侧为 5101 巷、5102 巷、5103 巷、5104 巷和 5105 巷（均已掘进），南侧为 5313 综采工作面（未采），北侧为与 53122 巷平行布置的 53121 巷及其间 45m 保护煤柱，53122 巷开口位置位于 5102 巷西帮，与 5102 巷夹角为 109°53′43″，掘进工作面四邻关系平面布置图如图 7-7 所示。巷道沿 3 号煤层顶板掘进，设计掘进长度为 1474.3m，掘进断面尺寸为 5000mm × 4500mm（宽 × 高），掘进断面面积为 22.5m²。53122 巷服务至 5313 综采面回采结束，服务年限预计为 3.5 年。

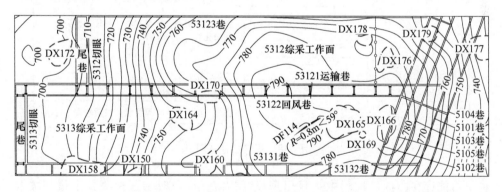

图 7-7　掘进工作面四邻关系平面布置图

3 号煤层厚度为 4.60 ~ 5.00m，平均厚度为 4.79m，煤层倾角为 0° ~ 8°，平均为 6°，普氏硬度为 0.64。老顶为厚层状砂质泥岩，厚 2.60m，含少量植物化石；直接顶为薄层状泥岩，厚 3.87m，含植物茎叶化石；直接底为中厚层状泥岩，厚 7.69m，含大量植物根化石；老底为薄层状细粒砂岩，厚 1.25m。53122 掘进工作面煤岩层柱状图如图 7-8 所示。

53122 回风巷距其开口 828m 处发育一陷落柱 DX170（长轴为 100 ~ 105m，短轴为 50 ~ 55m）。同时，由于井田内地质构造的复杂性，隐伏性小断层、陷落

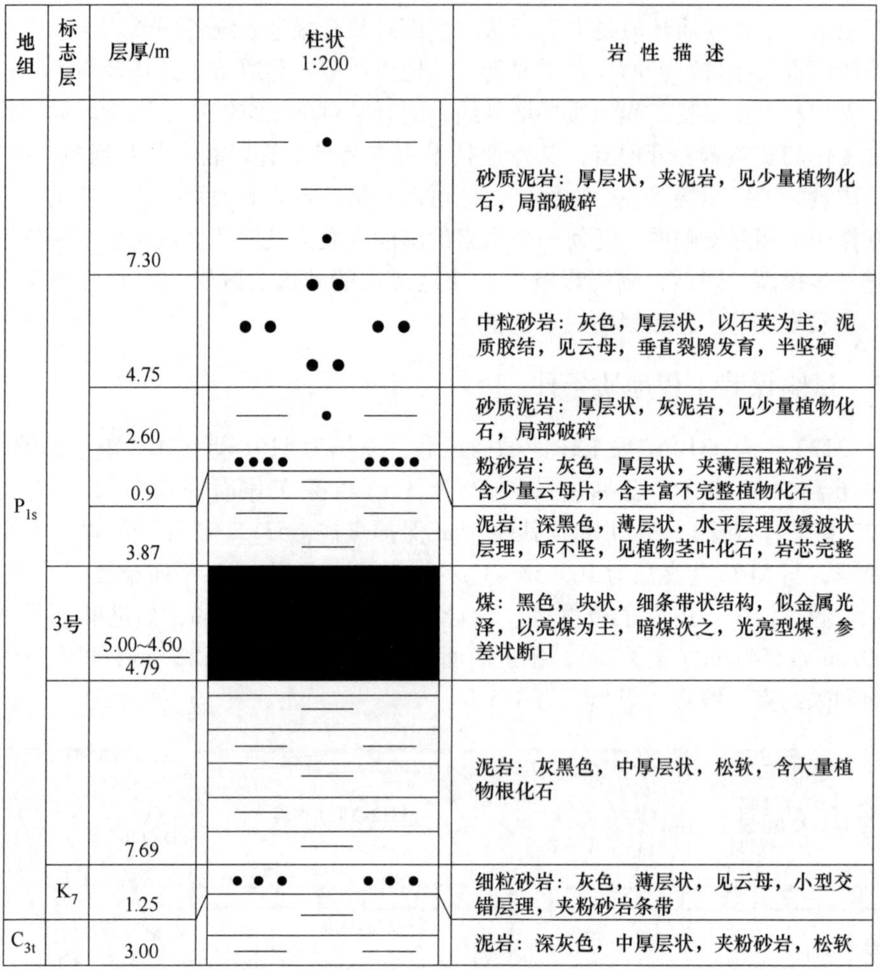

地组	标志层	层厚/m	柱状 1:200	岩 性 描 述
P₁ₛ		7.30		砂质泥岩：厚层状，夹泥岩，见少量植物化石，局部破碎
		4.75		中粒砂岩：灰色，厚层状，以石英为主，泥质胶结，见云母，垂直裂隙发育，半坚硬
		2.60		砂质泥岩：厚层状，灰泥岩，见少量植物化石，局部破碎
		0.9		粉砂岩：灰色，厚层状，夹薄层粗粒砂岩，含少量云母片，含丰富不完整植物化石
		3.87		泥岩：深黑色，薄层状，水平层理及缓波状层理，质不坚，见植物茎叶化石，岩芯完整
	3号	5.00~4.60 / 4.79		煤：黑色，块状，细条带状结构，似金属光泽，以亮煤为主，暗煤次之，光亮型煤，参差状断口
		7.69		泥岩：灰黑色，中厚层状，松软，含大量植物根化石
	K₇	1.25		细粒砂岩：灰色，薄层状，见云母，小型交错层理，夹粉砂岩条带
C₃ₜ		3.00		泥岩：深灰色，中厚层状，夹粉砂岩，松软

图 7-8　煤岩层柱状图

柱等可能存在，掘进过程中一旦出现异常情况，应及时加强探测并汇报相关职能部门，制定地质构造的安全技术措施，并严格依照措施施工。53122 掘进工作面的涌水源主要为 3 号煤层上覆顶板砂岩裂隙水，预计掘进过程中正常涌水量为 $2 \sim 3 m^3 / h$，最大涌水量为 $15 m^3 / h$，53122 掘进工作面不处于带压开采区。工作面预计绝对瓦斯涌出量为 $2.00 m^3 / min$。煤层不易自燃且煤尘无爆炸性。

7.4　复合顶板煤巷综掘施工方案优化

由于本次试验是基于原有的掘进装备和施工人员开展的，所以在此仅对施工方案中的优化部分作介绍。

7.4.1 复合顶板煤巷支护方案优化

针对 53122 回风巷的工程地质条件，在其综掘期间将永久支护分为及时安全支护和滞后稳定支护两部分，并采用"梁–拱"承载结构耦合支护技术。同时，由于受综掘工艺流程影响，空顶距的取值通常为支护排距的整数倍，即空顶距的取值大小决定了支护排距的上限，排距的不同又将直接影响整个支护方案的制定，所以，综掘工作面空顶距的取值大小不仅影响煤巷综掘期间的生产安全及施工组织，而且对支护方案的制定产生重大影响。根据第 4 章中极限空顶距的理论计算值为 4.64m，当取安全因数为 1.5 时，空顶距为 3.09m，取整为 3.0m，即安全因数为 1.5 时的支护最大排距不超过 3.0m。因此，基于综掘工作面空顶距对支护方案的影响，最终确定了以下 53122 回风巷的支护参数。

7.4.1.1 及时安全支护参数

A 顶板支护

锚索：采用 1×19 股的高强度低松弛预应力钢绞线作索体，钢绞线的公称直径和抗拉强度分别为 22mm 和 1720MPa，索体长度为 5.4m，并选用与之配套的高强度锁具。托盘：规格为 $300mm \times 300mm \times 16mm$ 高强度可调心托盘。钢筋梯子梁：规格为 T4500×80/10-100×80，即由 $\phi 10mm$ 的钢筋焊接而成，梁长和梁宽分别为 4500mm 和 80mm，并在锚索安装位置处焊接两根间距为 100mm 的纵筋。锚索布置：排距为 1500mm，间距为 2200mm，每排布置 3 根锚索，两侧距帮 300mm。锚固参数：自孔底向孔口方向依次放入一支 MSK2335 型号和两支 MSZ2360 型号的树脂锚固剂对锚索进行加长锚固，锚固长度达 1970mm，且张拉预紧力不低于 250kN。

锚杆：采用左旋无纵筋螺纹钢锚杆，其型号为 MSGLW-500/22-2800。托盘：采用规格为 $150mm \times 150mm \times 10mm$ 的高强度拱形托盘。锚杆布置：排距为 1500mm，间距为 2200mm，每排布置 2 根锚杆，两侧距帮 1400mm。锚固参数：自孔底向孔口方向依次放入一支 MSK2335 型号和一支 MSZ2360 型号的树脂锚固剂对锚杆进行加长锚固，锚固长度达 1675mm，且对锚杆施加的预紧力矩不低于 400N·m。

钢筋网：钢筋直径为 $\phi 6.5mm$，网片网格大小为 $100mm \times 100mm$，采用勾接方式将网片彼此连接。

B 煤帮支护

锚索：采用 1×19 股的高强度低松弛预应力钢绞线作索体，钢绞线的公称直径和抗拉强度分别为 22mm 和 1720MPa，索体长度为 5.4m，并选用与之配套的高强度锁具。托盘：规格为 $300mm \times 300mm \times 16mm$ 高强度可调心托盘。钢筋梯子梁：规格为 T3900×80/10-100×80，即由 ϕ10mm 的钢筋焊接而成，梁长和梁宽分别为 3900mm 和 80mm，并在锚索安装位置处焊接两根间距为 100mm 的纵筋。锚索布置：排距为 1500mm，间距为 2000mm，每排布置 2 根锚索。锚固参数：自孔底向孔口方向依次放入一支 MSK2335 型号和两支 MSZ2360 型号的树脂锚固剂对锚索进行加长锚固，锚固长度达 1970mm，且张拉预紧力不低于 150kN。

锚杆：采用左旋无纵筋螺纹钢锚杆，其型号为 MSGLW-500/22-2400。托盘：采用规格为 150mm×150mm×10mm 的高强度拱形托盘。锚杆布置：排距为 1500mm，间距为 2000mm，每排布置 2 根锚杆，最上一根锚杆距离顶板 300mm。锚固参数：自孔底向孔口方向依次放入一支 MSK2335 型号和一支 MSZ2360 型号的树脂锚固剂对锚杆进行加长锚固，锚固长度达 1675mm，且对锚杆施加的预紧力矩不低于 400N·m。

金属菱形网：由 10 号铁丝编织而成，网格大小为 50mm×50mm，采用搭接法将网片彼此连接。

7.4.1.2　滞后稳定支护参数

A　顶板支护

采用 1×19 股的高强度低松弛预应力钢绞线作索体，索体长度为 6.5m。锚索按"2—1—2"布置，排距为 1500mm，间距为 2200mm。其他相关参数与及时安全支护时顶板锚索参数相同。

B　煤帮支护

补打煤帮最下一根锚杆，锚杆距离底板 400mm，且向底板方向倾斜 10°，锚杆其他参数与及时安全支护时煤帮锚杆参数相同。

53122 回风巷支护方案如图 7-9 所示。

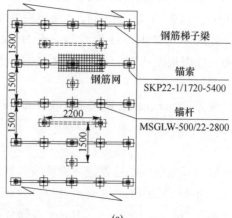

(a)

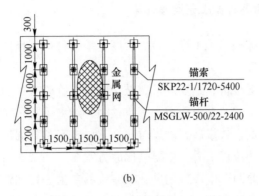

(b)

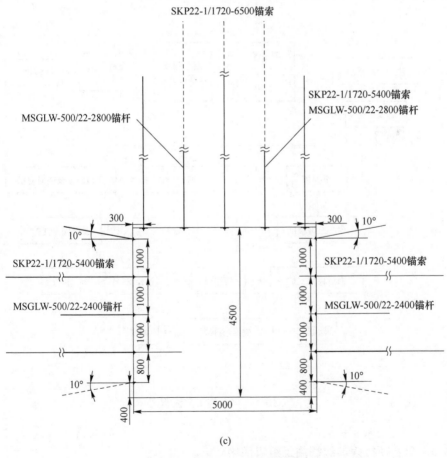

(c)

—— 及时安全支护　　--- 滞后稳定支护

图 7-9　53122 回风巷支护方案

(a) 顶板；(b) 煤帮；(c) 全断面

7.4.2　复合顶板煤巷综掘工艺流程优化

通过合理安排综掘施工工序，最大限度地缩短掘进循环作业时间是实现煤巷快速综掘的重要保证。

本次试验中对交接班、延长皮带、敲帮问顶及临时支护、清浮煤、验收或自检等工序未做调整，主要是由于增大了空顶距，加大了支护排距，减少了顶板锚索数量，增加了帮锚索数量后，割煤时间会比原方案长，掘进循环中永久支护用时有所缩短。从工艺流程上看，主要是比原方案多了一个滞后稳定支护工序，即在生产、检修班对前两个生产班掘进施工完成的巷道进行加强支护，最终导致施工工艺流程发生一定的变化，具体流程如图 7-10 所示。

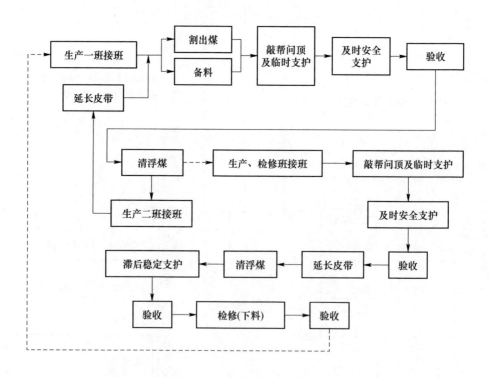

图 7-10　优化后的工艺流程图

7.4.3　复合顶板煤巷综掘施工组织优化

工作制度仍为"三八"制，半班检修，两班半掘进，正规循环作业图如图 7-11 所示。

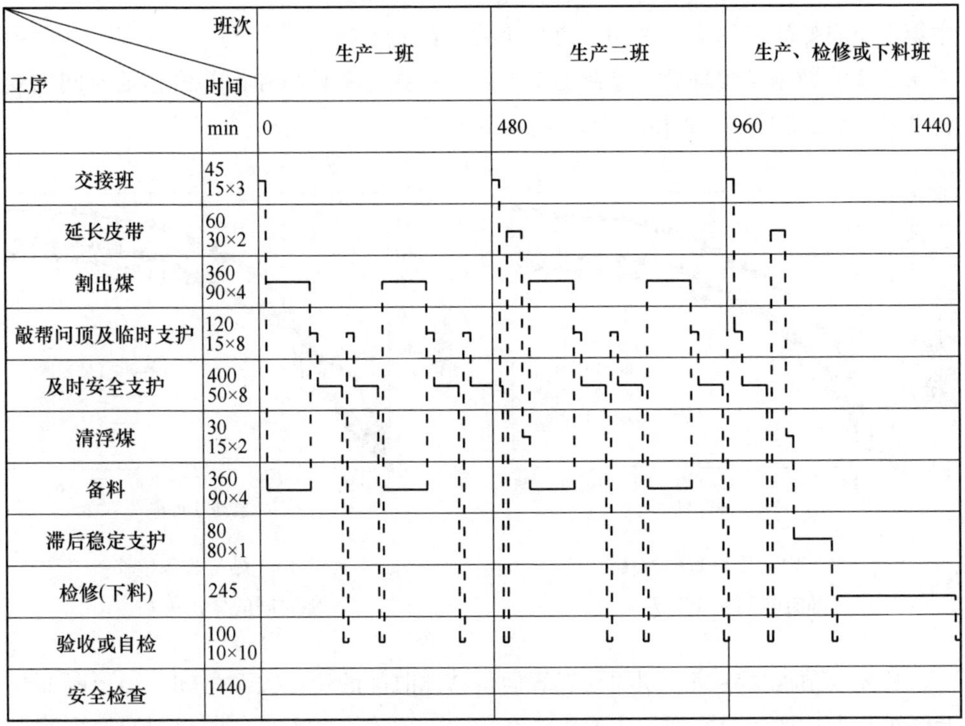

工序＼班次＼时间		生产一班	生产二班	生产、检修或下料班
	min	0	480	960　　　　1440
交接班	45 15×3			
延长皮带	60 30×2			
割出煤	360 90×4			
敲帮问顶及临时支护	120 15×8			
及时安全支护	400 50×8			
清浮煤	30 15×2			
备料	360 90×4			
滞后稳定支护	80 80×1			
检修(下料)	245			
验收或自检	100 10×10			
安全检查	1440			

图 7-11　正规循环作业图

7.5　复合顶板煤巷综掘试验效果分析

围岩稳定性的控制程度与掘进速度的提升幅度是直接反映复合顶板煤巷综掘实施效果的重要指标。为了对复合顶板煤巷综掘施工方案开展适应性评价，在掘进期间除了对掘进速度进行统计外，还对煤巷围岩的变形进行了监测，从而为复合顶板煤巷综掘施工方案的评价提供依据。

7.5.1　煤巷掘进速度的提升效果

在原有施工人员、掘进装备及工作制度的基础上，对支护方案、施工工艺流程及施工组织管理优化后，在日循环数保持 4 个不变的情况下，掘进循环进尺由优化前的 2.4m 增加到了 3.0m，则日进度由 9.6m 提高至 12.0m，掘进速度提高了 25%。

7.5.2　煤巷围岩支护效果

在复合顶板煤巷综掘期间共布置 3 个围岩表面位移监测站，采用十字布点法对顶板中心和巷帮腰线处的位移进行监测，各测站的监测时间不少于 3 个月，其中第 1 个月监测频率为 1 次/d，第 2 个月开始监测频率降低至 0.5 次/d，即两天一次。实测数据经整理后，绘制出矩形断面综掘煤巷顶板和帮部位移随时间的变化关系曲线，如图 7-12 和图 7-13 所示。

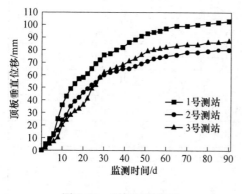

图 7-12　顶板监测位移　　　　　　　　　图 7-13　煤帮监测位移
　　随时间的变化关系　　　　　　　　　　　　随时间的变化关系

从复合顶板煤巷综掘期间围岩表面位移随时间的变化关系可知，矩形断面煤巷掘进初期变形相对剧烈，主要集中在前 30d 左右，60d 左右煤巷围岩变形逐渐趋于稳定。同时，在 3 个监测站所测得的顶板最大垂直位移和两帮最大移近量分别为 103mm 和 169mm，围岩虽然产生一定的变形，但整体表现稳定，从而为煤巷综掘施工创造了安全的作业环境。

从试验效果来看，基于综掘煤巷复合顶板"梁－拱"承载结构耦合支护原理及其分步支护技术，对矩形断面复合顶板煤巷综掘施工方案进行优化后，既保证了掘进的施工安全和煤巷围岩的长期稳定，又大幅提高了复合顶板煤巷的综掘速度，应用效果整体良好，可为类似条件下煤巷综掘提供参考。

7.6　本章小结

（1）通过现场调研及问卷调查进行因子分析得知，影响赵庄矿复合顶板煤巷综掘速度的因素主要包括围岩安全控制技术因子、工程地质环境因子、掘进装备因子、职工素质因子和施工管理因子等 5 个方面，进而分析了复合顶板煤巷快速综掘的实施途径。

（2）根据赵庄矿 53122 回风巷的工程地质条件及综掘施工条件，在充分考虑空顶距对掘进施工安全及支护方案设计影响的基础上，以复合顶板"梁－拱"承载结构耦合支护技术及综掘煤巷分步支护技术为指导，制定了具体的分步支护方案，进而对综掘施工工艺流程及组织管理进行优化，并开展了矩形断面复合顶板煤巷综掘的工业性试验。

（3）矩形断面复合顶板煤巷综掘施工方案实施后，煤巷综掘速度提高了25%，与此同时，煤巷围岩稳定，为综掘施工的安全提供了保障。

8 主 要 结 论

　　本书针对矩形断面复合顶板煤巷因支护用时过长导致综掘速度偏低的技术难题，以晋煤集团赵庄矿 53122 回风巷为工程背景，综合采用现场调研、数值模拟、实验室试验、理论分析和现场工程试验等方法，分别对复合顶板煤巷围岩地质力学特性、综掘煤巷复合顶板稳定性渐次演化规律及其影响因素、空顶区和支护区复合顶板变形破坏机制等方面开展了系统研究，揭示了综掘煤巷空顶区及支护区复合顶板的稳定性机制，进而提出了综掘煤巷复合顶板安全控制技术，并在分析复合顶板煤巷综掘速度制约因素的基础上，开展了矩形断面复合顶板煤巷综掘实践，得到如下主要结论：

　　（1）深入分析了矩形断面煤巷综掘施工过程中复合顶板稳定性渐次演化规律及其影响因素，揭示了煤巷综掘不同空间区域复合顶板稳定性机理。

　　1）矩形断面综掘煤巷复合顶板的应力、变形及塑性破坏沿巷道轴向方向及顶板纵深方向均呈渐次演化特征，尤其是综掘工作面空顶区和支护区顶板的浅部岩层，应力显著降低，承载能力急剧下降，变形逐渐增大。

　　2）围岩条件对矩形断面综掘煤巷支护区和空顶区复合顶板稳定性影响规律表明，空顶区和支护区顶板的下沉量随煤巷埋深和侧压系数的增大而增大；随顶板岩层分层厚度的增大呈非线性减小。

　　3）由掘进参数对矩形断面综掘煤巷支护区和空顶区复合顶板稳定性影响规律可得，空顶区和支护区顶板的下沉量随煤巷掘进宽度的增大而增大，且增幅呈非线性降低特征；随巷高的增大呈非线性增大；随综掘速度的提升而减小；随掘进循环步距的增大而增大。

　　4）巷道支护对矩形断面综掘煤巷支护区和空顶区复合顶板稳定性影响规律表明，空顶区和支护区顶板的下沉量随滞后支护距离的增大而增大，空顶区顶板比支护区顶板对滞后支护距离更敏感，且垂直最大位移及其位置跟滞后支护距离密切相关；支护强度对支护区顶板的影响程度明显高于其对空顶区顶板的影响程度。

　　（2）构建了空顶区及支护区复合顶板的力学模型，分析了矩形断面综掘煤巷空顶区及支护区复合顶板的变形破坏特征及稳定性影响因素，进一步揭示了空顶区和支护区复合顶板的变形破坏机制。

　　1）建立了复合顶板—边简支三边固支的薄板力学模型，运用弹性力学理论求解出空顶区复合顶板任一点的挠度与应力公式；失去下方煤体支撑的空顶区复合顶板在水平应力及岩层自重的复合作用下率先产生挠曲下沉，进而产生层间离层和剪切错动，随着挠曲变形的进一步增大，空顶区顶板下表面产生较大拉应力，四周边缘产生较大的剪切作用力，当拉应力或剪应力超过顶板岩层的极限强度时，顶板将发生失稳。

2) 根据矩形断面综掘煤巷空顶区顶板下表面应力值，依据拉应力破坏准则确定出赵庄矿综掘煤巷极限空顶距不超过 4.64m；空顶距随巷宽和上覆载荷的增大而减小，随空顶区顶板岩层厚度的增加而增大。

3) 构建了矩形断面综掘煤巷支护区锚固复合顶板的弹性地基梁力学模型，得出支护区顶板的挠度分布基本特征；系统研究了埋深、垂直应力集中系数、顶板岩层的杨氏模量、巷帮煤体的杨氏模量、巷帮基础厚度、巷道掘进宽度对支护区顶板弯曲变形的影响规律。

4) 矩形断面综掘煤巷支护区锚固复合顶板在上覆岩层压力、岩层自重及高水平应力的复合作用下产生弯曲变形，层间离层及剪切错动使复合顶板锚固岩梁的连续性和完整性遭到破坏，在拉应力和剪应力复合作用下将发生失稳。

(3) 提出了以预应力锚杆和锚索为支护主体的复合顶板"梁－拱"承载结构耦合支护技术及其分步支护技术。

1) 分析了围岩防控对策对煤巷综掘速度的影响原因：未能弄清矩形断面复合顶板煤巷综掘工作面空顶区顶板的稳定机理，盲目地通过缩短空顶距离的方式来防范空顶区顶板失稳，使掘进循环次数增多，掘进机组进退更加频繁；对矩形断面综掘煤巷复合顶板稳定空间演化规律及锚固顶板变形失稳机理的研究不够深入，为了使顶板得到稳定控制，在掘进时强调支护的一次性和高强性，从而导致支护工序耗时长，掘进机的开机率较低；悬臂式掘进机配合液压锚杆钻车完成掘进工作时，受二者频繁交叉换位及允许同时支护作业的钻车数量限制影响，导致掘进循环作业时间延长；对工程地质环境的掌控还不够精细化，全矿井所有回采巷道的掘进工作面均采用同一掘进（空顶距、循环步距）及支护（锚索间排距、支护流程）参数，而未能实时地根据工程地质环境的变化情况对其做出动态调整。在此基础上，提出了矩形断面综掘煤巷复合顶板安全控制思路。

2) 复合顶板中安装预应力锚杆后，既可以发挥锚杆的"销钉"作用，又可以增大层面间的摩擦力，从而增强复合顶板的抗剪能力；经预应力锚杆加固与支护后，一定锚固范围内形成的压应力改善了顶板的应力状态，顶板强度得到大幅提高，承载能力将明显增强；锚索既可以将深部稳定岩层与浅部锚杆支护形成的组合梁承载结构连接起来形成厚度更大、承载能力更强的顶板组合承载结构，又能增大岩层间的剪切阻抗，有效控制顶板离层，增强复合顶板岩层的连续性，提高复合顶板的整体稳定性；随着锚索锚杆预紧力的加大，复合顶板中压应力的叠加程度逐渐增高,有助于顶板形成刚度更大的承载结构。随着锚索锚杆布设间距的减小,支护应力场的叠加程度将逐步增强,然而,过小的间距虽然形成的承载结构刚度变大,但承载结构范围将有所减小;随着锚索长度的增加,顶板中压应力范围在沿顶板高度方向上不断增大的同时有效支护应力不断降低。

3)矩形断面煤巷复合顶板天然承载结构平衡拱的形成使其拱内自稳能力不足的岩层成为顶板稳定性控制的重点,同时由于煤巷复合顶板具有逐层渐次垮冒的工程特点,所以,增强拱内岩层的自稳能力并充分调动天然承载结构的承载能力使其相互作用是保持复合顶板稳定的关键,基于此,提出以预应力锚杆和锚索为支护主体的"梁-拱"承载结构耦合支护技术。同时,基于矩形断面综掘煤巷具有显著的开挖面空间效应,充分利用围岩的自承能力,提出了综掘煤巷分步支护技术。

(4)全面分析了人、机、环境及管理等因素对矩形断面煤巷综掘速度的影响,并通过因子分析获得了复合顶板煤巷综掘速度的关键制约因素。

影响赵庄矿复合顶板煤巷综掘速度的因素主要包括5个方面:围岩安全控制技术因子(含支护设计理念先进性、支护参数合理性、空顶距是否合理、支护工艺是否合理4个变量)、工程地质环境因子(含岩层结构及构造、围岩岩性、地应力影响程度3个变量)、掘进装备因子(含掘进机性能、液压钻车性能、设备配套合理性3个变量)、职工素质因子(含熟练程度、干部组织协调能力、团队协作能力3个变量)和施工管理因子(含班组管理和正规循环2个变量)。

(5)基于复合顶板"梁-拱"承载结构耦合支护技术及综掘煤巷分步支护技术,选取典型煤巷为试验巷道,开展复合顶板煤巷综掘的现场试验,取得了良好的应用效果。

结合赵庄矿综掘施工条件及53122回风巷工程地质条件,充分发挥预应力锚杆和锚索的支护特性,以构建煤巷复合顶板的"梁-拱"承载结构为出发点,制定了及时安全支护和滞后稳定支护方案,在此基础上优化了综掘工艺流程和施工组织管理。复合顶板煤巷综掘试验结果表明,煤巷围岩稳定,为综掘施工的安全提供了保障,与此同时,综掘速度由9.6m/d提高至12m/d,增幅达25%。

参 考 文 献

[1] 中国的能源状况与政策 [J]. 资源与人居环境, 2008(4)：18-25.

[2] 何满朝, 钱七虎. 深部岩体力学基础 [M]. 北京：科学出版社, 2010.

[3] 王显政. 加强形势认识合理应对挑战提升煤炭工业发展科学化水平 [J]. 中国煤炭工业, 2012(3)：4-7.

[4] 王显政. 能源革命和经济发展新常态下中国煤炭工业发展的战略思考 [J]. 中国煤炭, 2015, 41(4)：5-8.

[5] 吴淼, 李瑞, 王鹏江, 等. 基于数字孪生的综掘巷道并行工艺技术初步研究 [J]. 煤炭学报, 2020, 45(S1)：506-513.

[6] Kaiser P. Phenomenological model for rock with time dependent strength [J]. International Journal of Rock Mechanics of Mining Science and Geomechanics, 1985, 18(1)：153-165.

[7] 高云峰, 江小军. 浅谈我国煤矿巷道掘进装备技术 [J]. 煤炭工程, 2010(10)：110-112.

[8] 周连清. 大断面煤巷快速掘进关键性技术研究与应用 [D]. 包头：内蒙古科技大学, 2014.

[9] 张庆国, 赵红星, 袁爽, 等. 基于巷道围岩预应力分布特征的锚杆支护参数研究 [J]. 煤炭工程, 2022, 54(8)：30-36.

[10] 康红普, 姜鹏飞, 高富强, 等. 掘进工作面围岩稳定性分析及快速成巷技术途径 [J]. 煤炭学报, 2021, 46(7)：2023-2045.

[11] 聂晓飞, 闫高峰, 宋育刚, 等. 大断面煤巷快速掘进技术 [J]. 煤炭科学技术, 2013, 41(S2)：141-142.

[12] 王虹. 我国综合机械化掘进技术发展40年 [J]. 煤炭学报, 2010, 35(11)：1815-1820.

[13] 王国法, 张德生. 煤炭智能化综采技术创新实践与发展展望 [J]. 中国矿业大学学报, 2018, 47(3)：459-467.

[14] 王国法, 赵国瑞, 任怀伟. 智慧煤矿与智能化开采关键核心技术分析 [J]. 煤炭学报, 2019, 44(1)：34-41.

[15] 葛世荣, 王忠宾, 王世博. 互联网＋采煤机智能化关键技术研究 [J]. 煤炭科学技术, 2016, 44(7)：1-9.

[16] 李宁. 复合岩体穿层锚杆锚固力学机理及应用 [D]. 徐州：中国矿业大学, 2021.

[17] 牛宝玉. 采掘锚与掘锚一体化快速成巷技术 [J]. 煤, 2003, 12(4)：19-20, 29.

[18] 高平. 煤矿顶板事故不安全动作原因及控制方法研究 [D]. 北京：中国矿业大学(北京), 2016.

[19] 张蕾, 张志明, 翟济, 等. 复合顶板巷道分类及控制技术研究 [J]. 煤炭工程, 2014, 46(4)：80-82.

[20] 高峰, 李纯宝, 张树祥. 复合顶板巷道变形破坏特征与锚杆支护技术 [J]. 煤炭科学技术, 2011, 39(8)：23-25.

[21] 段红民, 范学. 复合顶板巷道锚杆支护技术的研究与应用 [J]. 煤炭科学技术, 2010, 38(12)：36-38.

[22] 史向东. 煤巷复合顶板变形破坏机理及支护技术研究 [D]. 西安：西安科技大学, 2014.

[23] 柏建彪, 侯朝炯, 杜木民, 等. 复合顶板极软煤层巷道锚杆支护技术研究 [J]. 岩石力学

与工程学报, 2001(1): 53-56.

[24] 吴甲春. 松软及复合顶板管理初探 [J]. 西部探矿工程, 1994(1): 61-64.

[25] 孟庆彬, 孔令辉, 韩立军, 等. 深部软弱破碎复合顶板煤巷稳定控制技术 [J]. 煤炭学报, 2017, 42(10): 2554-2564.

[26] 田靖夫, 许帅, 胡楠. 煤矿复合型顶板巷道支护方式优化研究与应用 [J]. 山东煤炭科技, 2020, 240(8): 53-54, 61.

[27] 徐燕飞, 徐翀, 陈永春, 等. 三软煤层复合顶板巷道控制技术研究 [J]. 煤炭科学技术, 2020, 48(11): 121-128.

[28] 崔树彬, 宋召谦. 复合顶板煤巷组合锚杆支护技术 [J]. 矿山压力与顶板管理, 2000(4): 59-61, 85.

[29] 罗霄. 煤巷复合层状顶板承载特性研究 [D]. 北京: 中国矿业大学(北京), 2018.

[30] 苏学贵. 特厚复合顶板巷道支护结构与围岩稳定的耦合控制研究 [D]. 太原: 太原理工大学, 2013.

[31] 任葆锐, 刘建平. 煤巷快速掘进设备的使用与发展 [J]. 煤矿机电, 2003(5): 52-54.

[32] 陈同宝, 钱沛云, 陶峥. 我国悬臂式巷道掘进机技术的现状与发展 [J]. 煤矿机电, 2000(5): 58-62.

[33] 李恩龙, 温保岗. 我国悬臂式掘进机的发展趋势 [J]. 煤矿机械, 2013, 34(5): 4-7.

[34] 王学成, 张维果, 刘英林. 悬臂式掘进机现状及发展浅析 [J]. 煤矿机械, 2010, 31(8): 1-2.

[35] 毛君, 吴常田, 谢苗. 浅谈悬臂式掘进机的发展及趋势 [J]. 中国工程机械学报, 2007, 5(2): 240-242.

[36] 汪胜陆, 孟国营, 田劼, 等. 悬臂式掘进机的发展状况及趋势 [J]. 煤矿机械, 2007, 28(6): 1-3.

[37] 牛宝玉. 采掘锚、掘锚一体化快速掘进成巷技术 [J]. 煤炭工程, 2003, 50(11): 9-12.

[38] 司志群, 田军先, 岳官禧. 掘锚一体化实现煤巷快速掘进的几点思考 [J]. 煤矿开采, 2006, 11(4): 22-24.

[39] 李钦彬, 鄂宇, 张喜. 浅谈掘锚一体化技术 [J]. 煤矿机械, 2010, 31(8): 10-12.

[40] Song Hongwei, Lu Shouming. Repairing of a deep mine permanent access tunnel using bolt, mesh and shotcrete [J]. Tunneling and Underground Space Technology, 2001, 16(3): 235-240.

[41] Hock E, Brown E T. Underground Excavation in Rock [M]. Beijing: The Instiution of Mining and Metallurgy, 1980.

[42] Anonymous. Proceedings of the 2009 rapid excavation and tunneling conference [J]. Mining Engineering, 2009, 61(8): 57.

[43] Chakraborty A K, Jethwa J L, Paithankar A G. Assessing the effects of joint orientation and rock mass quality on fragmentation an overbreak in tunnel blasting [J]. Tunnelling and Underground Space Technology, 1994, 9(4): 471-482.

[44] 赵立峰. 国内外连续采煤机的使用状况及发展趋势 [J]. 科技资讯, 2008, 24: 185.

[45] 麻勇. 机载锚杆钻机伸缩梁力学分析及施工工艺研究 [D]. 西安: 西安科技大学, 2009.

[46] 叶仿拥, 马永辉, 徐晋勇, 等. 掘进装备在我国煤矿中的发展及趋势 [J]. 煤炭科学技

术, 2009, 37(4): 61-64.

[47] 赵学社. 煤矿高效掘进技术现状与发展趋势 [J]. 煤炭科学技术, 2007, 35(4): 1-10.

[48] Wang Liang, Cheng Yuanping, Ge Chungui, et al. Safety technologies for the excavation of coal and gas outburst-prone coal seams in deep shafts [J]. International Journal of Rock Mechanics and Mining Sciences, 2012, 57: 24-33.

[49] Frank H. Ground Engineering Equipment and Method [M]. New York: Mc Graw-Hill Book Company Limited, 1993.

[50] 王玉宝, 单仁亮, 蔡炜凌, 等. 西山矿区煤巷掘进速度影响因素因子分析 [J]. 煤炭学报, 2011, 36(6): 925-929.

[51] 柏建彪, 肖同强, 李磊. 巷道掘进空顶距确定的差分方法及其应用 [J]. 煤炭学报, 2011, 36(6): 920-924.

[52] 杨仁树, 王旭. 大断面半煤岩巷快速掘进施工技术研究 [J]. 中国矿业, 2012, 21(4): 87-88.

[53] 杜启军, 赵启峰, 杨壮, 等. 复杂地质条件下大断面煤巷快速掘进研究与实践 [J]. 煤炭工程, 2013, 45(6): 76-79.

[54] 张征. 石嘴山二矿水平巷道单巷快速掘进技术研究 [D]. 西安: 西安科技大学, 2006.

[55] 周志利. 厚煤层大断面巷道围岩稳定与掘锚一体化研究 [D]. 北京: 中国矿业大学(北京), 2011.

[56] 马长乐, 袁龙飞, 张羽, 等. 大断面煤巷快速掘进施工工艺 [J]. 煤矿安全, 2013, 44(5): 98-100.

[57] 胡学军, 王树忠, 王继林, 等. 巷道快速掘进机前配套改造设计及分析 [J]. 煤矿机械, 2012, 33(9): 187-188.

[58] 赵峰. 大倾角综放工作面平巷综掘关键工艺技术研究 [D]. 西安: 西安科技大学, 2008.

[59] 张天池. 葫芦素矿煤巷掘进速度影响因素分析及控制研究 [D]. 徐州: 中国矿业大学, 2017.

[60] 费旭敏. 深井大断面复合顶板煤巷快速掘进的研究实践 [J]. 中国煤炭, 2008(9): 59-60.

[61] 王中亮. 高瓦斯厚煤层掘锚一体机快速成巷技术与工艺 [D]. 徐州: 中国矿业大学, 2014.

[62] 魏敬喜. 大断面复合顶板煤巷快速掘进技术研究 [D]. 淮南: 安徽理工大学, 2011.

[63] 王金华. 我国煤巷锚杆支护技术的新发展 [J]. 煤炭学报, 2007, 32(2): 113-118.

[64] 康红普. 煤巷锚杆支护理论与成套技术 [M]. 北京: 煤炭工业出版社, 2007.

[65] Willians P. The development of rock bolting in UK coal mines [J]. Mining Engineering, 1994, 392(153): 307-312.

[66] Ghadimi M, Shahriar K, Jalalifar H. Analysis profile of the fully grouted rock bolt in jointed rock using analytical and numerical methods [J]. International Journal of Mining Science and Technology, 2014, 24: 609-615.

[67] Karanam U M R, Dasyapu S K. Experimental and numerical investigations of stresses in a fully grouted rock bolts [J]. Geotechnical and Geological Engineering, 2005, 23: 297-308.

[68] Ghazvinian A, Sarfarazi V, Schubert W, et al. A study of the failure mechanism of planar non-persistent open joints using PFC^{2D} [J]. Rock Rechanics and Rock Engineering, 2012, 45: 677-693.

[69] Stankus J, Peng S. A new concept for roof support [J]. Coal Age Magazine, 1996, 9: 2-6.

[70] Unala E, Ozkanb I, Cakmakcia G. Modeling the behavior of longwall coal mine gate roadways subjected to dynamic loading [J]. International Journal of Rock Mechanics and Mining Sciences, 2001, 38(2): 181-197.

[71] Pellet F, Egger P. Analytic model for the mechanical behaviour of bolted rock joints subject to shearing [J]. Rock Mechanics and Rock Engineering, 1996, 29: 73-97.

[72] Andrej B, Janez M. Construction of active roadway support structure in rock characterized by poor load bearing capacity [J]. Materials and Geoenvironment, 2005, 52(2): 495-512.

[73] Van D S, Meers L, Donnelly P, et al. Automated bolting and meshing on a continuous miner for roadway development [J]. International Journal of Mining Science and Technology, 2013, 23: 55-61.

[74] Farmer I W. Stress distribution along a resin grouted rock anchor [J]. International Journal of Rock Mechanics and Mineral Science-Geomechanics Abstracts, 1975, 12: 347-351.

[75] Malek B. Design of Cable Bolts Using Numerical Modeling [D]. Montreal, Canada: Department of Mining and Metallurgical Engineering, McGill University, 2000.

[76] Craig P, Serkan S, Hagan P, et al. Investigations into the corrosive environments contributing to premature failure of Australian coal mine rock bolts [J]. International Journal of Mining Science and Technology, 2016, 26: 59-64.

[77] Li C, Stillborg B. Analytical models for rock bolts [J]. International Journal of Rock Mechanics and Mining Sciences, 1999, 36: 10-13.

[78] Goel R K, Swarup A, Sheorey P R. Bolt length requirement in underground openings [J]. International Journal of Rock Mechanics and Mining Sciences, 2007(44): 802-811.

[79] Kang H P, Lin J, Fan M J. Investigation on support pattern of a coal mine roadway within soft rocks-a case study [J]. International Journal of Coal Geology, 2015, 140: 31-40.

[80] Esterhuizen G S, Tulu I B. Analysis of alternatives for using cable bolts as primary support at two low-seam coal mines [J]. International Journal of Mining Science and Technology, 2016, 26: 23-30.

[81] Mandal P K, Rajendra S, Maiti J, et al. Underpinning-based simultaneous extraction of contiguous sections of a thick coal seam under weak and laminated parting [J]. International Journal of Rock Mechanics and Mining Sciences, 2008, 45: 11-28.

[82] Mohamed K M, Murphy M M, Lawson H E, et al. Analysis of the current rib support practices and techniques in U. S. coal mines [J]. International Journal of Mining Science and Technology, 2016, 26: 77-87.

[83] Peng S S, Tang D H Y. Roof bolting in underground mining: a state-of-the-art review [J]. Int. J. Min. Eng. , 1984, 2: 1-42.

[84] 李占金. 鹤煤五矿深部岩巷变形机理及控制对策研究 [D]. 北京：中国矿业大学(北京)，2009.

[85] 何满潮，袁和生，靖洪文. 中国煤矿锚杆支护理论与实践 [M]. 北京：科学出版社，2004.

[86] 陈玉祥，王霞，刘少伟. 锚杆支护理论现状及发展趋势探讨 [J]. 西部探矿工程，2004 (10)：155-157.

[87] 侯朝炯，郭宏亮. 我国煤巷锚杆支护技术的发展方向 [J]. 煤炭学报，1996，21(2)：113-118.

[88] 马念杰，侯朝炯. 采准巷道围岩控制 [M]. 北京：煤炭工业出版社，1996.

[89] 张农，高明仕，许兴亮. 煤巷预拉力支护体系及其工程应用 [J]. 矿山压力与顶板管理，2002(4)：1-4.

[90] 袁亮. 深井巷道围岩控制理论及淮南矿区工程实践 [M]. 北京：煤炭工业出版社，2006.

[91] 陆士良，汤雷，杨新安. 锚杆锚固力与锚固技术 [M]. 北京：煤炭工业出版社，1998：13-27.

[92] 杨双锁，康立勋. 煤矿巷道锚杆支护研究的总结与展望 [J]. 太原理工大学学报，2002，33(4)：376-381.

[93] 单仁亮，彭杨皓，孔祥松，等. 国内外煤巷支护技术研究进展 [J]. 岩石力学与工程学报，2019，38(12)：2377-2403.

[94] 李晓红. 隧道新奥法及其量测技术 [M]. 北京：科学出版社，2002.

[95] 朱晔. 梅花井矿强采动弱胶结软岩巷道底臌机理与控制对策 [D]. 北京：中国矿业大学(北京)，2021.

[96] 鹿守敏，董方庭，高明德，等. 软岩巷道锚喷网支护工业试验研究 [J]. 中国矿业学院学报，1987(2)：26-35.

[97] 马振乾. 厚层软弱顶板巷道灾变机理及控制技术研究 [D]. 北京：中国矿业大学(北京)，2016.

[98] 万世文. 深部大跨度巷道失稳机理与围岩控制技术研究 [D]. 徐州：中国矿业大学，2011.

[99] Gale W J, Blackwood R L. Stress distribution and rock failure around coal mine roadways [J]. International Journal of Rock Mechanics Mining Science & Geomechanics Abstracts, 1987, 24 (3)：165-173.

[100] 董方庭. 井巷设计与施工 [M]. 徐州：中国矿业大学出版社，1997.

[101] 董方庭. 巷道围岩松动圈支护理论及应用技术 [M]. 北京：煤炭工业出版社，2001.

[102] 侯朝炯，郭励生，勾攀峰. 煤巷锚杆支护 [M]. 徐州：中国矿业大学出版社，1999.

[103] 侯朝炯，勾攀峰. 巷道锚杆支护围岩强度强化机理研究 [J]. 岩石力学与工程学报，2000(3)：342-345.

[104] 勾攀峰，侯朝炯. 锚固岩体强度强化的实验研究 [J]. 重庆大学学报(自然科学版)，2000(3)：35-39.

[105] 于学馥，于加，徐骏. 岩石力学新概念与开挖结构优化设计 [M]. 北京：科学出版社，1995：2-6.

[106] 于学馥, 乔端. 轴变论和围岩稳定轴比三规律 [J]. 有色金属, 1981(3): 8-15.

[107] 于学馥. 轴变论与围岩变形破坏的基本规律 [J]. 铀矿冶, 1982(1): 8-17, 7.

[108] 冯豫. 关于煤矿推行新奥法问题 [J]. 煤炭科学技术, 1981(4): 33-36, 62.

[109] 冯豫. 我国软岩巷道支护的研究 [J]. 矿山压力与顶板管理, 1990(2): 42-44, 67-72.

[110] 郑雨天. 中国煤矿软岩巷道支护理论与实践 [M]. 徐州: 中国矿业大学出版社, 1996.

[111] 朱浮声, 郑雨天. 软岩巷道围岩流变与支护相互作用 [J]. 矿山压力与顶板管理, 1996 (1): 6-8.

[112] 康红普, 王金华, 林健. 高预应力强力支护系统及其在深部巷道中的应用 [J]. 煤炭学 报, 2007, 159(12): 1233-1238.

[113] 康红普, 姜铁明, 高富强. 预应力在锚杆支护中的作用 [J]. 煤炭学报, 2007, 32(7): 680-685.

[114] 康红普, 林健, 张冰川. 小孔径预应力锚索加固困难巷道的研究与实践 [J]. 岩石力学 与工程学报, 2003, 22(3): 387-390.

[115] 康红普, 吴拥政, 褚晓威, 等. 小孔径锚索预应力损失影响因素的试验研究 [J]. 煤炭 学报, 2011, 36(8): 1245-1251.

[116] 康红普. 煤矿预应力锚杆支护技术的发展与应用 [J]. 煤矿开采, 2011, 16(3): 25-30.

[117] 方祖烈. 软岩工程技术现状与展望 [M]. 北京: 煤炭工业出版社, 1999: 48-51.

[118] 方祖烈. 拉压域特征及主次承载区的维护理论 [M]. 北京: 煤炭工业出版社, 1999.

[119] 何满潮, 景海河, 孙晓明. 软岩工程地质力学研究进展 [J]. 工程地质学报, 2000, 8 (1): 46-62.

[120] 何满潮. 深部软岩工程的研究进展与挑战 [J]. 煤炭学报, 2014, 39(8): 1410-1417.

[121] 何满潮, 李春华, 王树仁. 大断面软岩硐室开挖非线性力学特性数值模拟研究 [J]. 岩 土工程学报, 2002, 24(4): 483-486.

[122] 何满潮, 吕晓俭, 景海河. 深部工程围岩特性及非线性动态力学设计理念 [J]. 岩石力 学与工程学报, 2002, 24(8): 1215-1224.

[123] 东兆星, 吴士良. 井巷工程 [M]. 徐州: 中国矿业大学出版社, 2004.

[124] 王明恕. 软岩复合支护结构 [J]. 煤炭科学技术, 1985(8): 15-20.

[125] 王明恕. 全长锚固锚杆机理的探讨 [J]. 煤炭学报, 1983(1): 40-47.

[126] 陈庆敏, 金太, 郭颂. 锚杆支护的"刚性"梁理论及其应用 [J]. 矿山压力与顶板管理, 2000(1): 2-5.

[127] 陈庆敏, 郭颂, 张农. 煤巷锚杆支护新理论与设计方法 [J]. 矿山压力与顶板管理, 2002 (1): 12-15.

[128] 单仁亮, 孔祥松, 蔚振廷, 等. 煤巷强帮支护理论与应用 [J]. 岩石力学与工程学报, 2013, 32(7): 1304-1314.

[129] 单仁亮, 孔祥松, 燕发源, 等. 煤巷强帮强角支护技术模型试验研究与应用 [J]. 岩石 力学与工程学报, 2015, 34(11): 2336-2345.

[130] 单仁亮, 蔚振廷, 孔祥松, 等. 松软破碎围岩煤巷强帮强角支护控制技术 [J]. 煤炭科 学技术, 2013, 41(11): 25-29.

[131] 康红普, 王金华, 高富强. 掘进工作面围岩应力分布特征及其与支护的关系 [J]. 煤炭

学报, 2009, 34(12): 1585-1593.

[132] 孙晓明, 王冬, 缪澄宇, 等. 南屯煤矿深部泵房硐室群动压失稳机理及控制对策 [J]. 煤炭学报, 2015, 40(10): 2303-2312.

[133] 马睿. 巷道快速掘进空顶区顶板破坏机理及稳定性控制 [D]. 徐州: 中国矿业大学, 2016.

[134] 肖红飞, 何学秋, 冯涛, 等. 基于 FLAC³ᴰ模拟的矿山巷道掘进煤岩变形破裂力电耦合规律的研究 [J]. 岩石力学与工程学报, 2005, 24(5): 812-817.

[135] 惠兴田, 刘伟, 郭风景, 等. 基于连采施工工艺巷道掘进空顶距研究 [J]. 煤炭工程, 2013(2): 69-71.

[136] 马秉红. 大断面巷道掘进时合理空顶距的确定方法 [J]. 山西科技, 2003(5): 64-65.

[137] 张耀, 李宏. 大宁矿巷道掘进合理空顶距的研究 [J]. 山西煤炭, 2003, 23(4): 8-9.

[138] 陈爱喜, 王鹏, 杨长德. 察哈素煤矿掘进工作面合理空顶距的确定 [J]. 现代矿业, 2014, 30(9): 10-12.

[139] 唐卫涛, 李圣岩, 刘伟, 等. 破碎顶板条件下巷道掘进空顶距研究 [J]. 煤矿安全, 2013, 44(10): 38-40.

[140] 李国彪. 干河煤矿大断面巷道围岩稳定性分析及控制技术研究 [D]. 北京: 中国矿业大学(北京), 2013.

[141] 吴朋起. 煤巷快速掘进空顶自稳规律及施工方案优化研究 [D]. 徐州: 中国矿业大学, 2017.

[142] 高振亮. 屯兰矿巷道复合顶板危险区判别与控制技术研究 [D]. 北京: 中国矿业大学(北京), 2015.

[143] Jeager J C. Shear failure of anisotropic rocks [J]. Geol. Mag. , 1960, 97: 65-72.

[144] Hoek Evert, Brown E T. 岩石地下工程 [M]. 连志升, 田良灿, 王维德, 译. 北京: 冶金工业出版社, 1986.

[145] Bray J. Analysis on instability of surrounding rock in gob-side entry retaining with the character of soft rock composite roof [J]. Advanced Materials Research, 2012(524): 369-403.

[146] 宋建波, 张卓元, 于远忠, 等. 岩体经验强度准则及其在地质工程中的应用 [M]. 北京: 地质出版社, 2002.

[147] 陆庭侃, 刘玉洲, 程立朝. 水平应力作用下采区巷道顶板离层特征 [J]. 隧道建设, 2007(S2): 41-47.

[148] 陆庭侃, 刘玉洲, 许福胜. 煤矿采区巷道顶板离层的现场观测 [J]. 煤炭工程, 2005(11): 62-65.

[149] 林崇德. 层状岩石顶板破坏机理数值模拟过程分析 [J]. 岩石力学与工程学报, 1999, 18(4): 24-28.

[150] 林崇德, 陆士良, 史元伟. 煤巷软弱顶板锚杆支护作用的研究 [J]. 煤炭学报, 2000, 25(5): 482-485.

[151] 林崇德, 孙同迟. 煤巷层状顶板破坏机理分析 [J]. 煤矿开采, 1998, 29(1): 41-46.

[152] 贾蓬, 唐春安, 王述红. 巷道层状岩层顶板破坏机理 [J]. 煤炭学报, 2006, 31(1): 11-15.

[153] 陈炎光, 陆士良. 中国煤矿巷道围岩控制 [M]. 徐州: 中国矿业大学出版社, 1995.

[154] 吴德义, 程建新, 查亦林. 深部开采松散破碎全煤巷道变形特征及合理支护技术 [J]. 煤炭工程, 2018, 50(7): 34-37.

[155] 吴德义, 申法建. 巷道复合顶板层间离层稳定性量化判据选择 [J]. 岩石力学与工程学报, 2014, 33(10): 2040-2046.

[156] 吴德义, 高航, 王爱兰. 巷道复合顶板离层的影响因素敏感性分析 [J]. 采矿与安全工程学报, 2012, 29(2): 255-260.

[157] 吴德义, 闻广坤, 王爱兰. 深部开采复合顶板离层稳定性判别 [J]. 采矿与安全工程学报, 2011, 28(2): 252-257.

[158] 勾攀峰, 张振普, 韦四江. 不同水平应力作用下巷道围岩破坏特征的物理模拟试验 [J]. 煤炭学报, 2009, 34(10): 1328-1332.

[159] 姚强岭, 李学华, 瞿群迪. 富水煤层巷道顶板失稳机理与围岩控制技术 [J]. 煤炭学报, 2011, 36(1): 12-17.

[160] 姚强岭. 富水巷道顶板强度弱化机理及其控制研究 [D]. 徐州: 中国矿业大学, 2011.

[161] 薛亚东, 康天合. 回采巷道围岩结构特征及变形破坏规律研究 [J]. 太原理工大学学报, 2000, 31(4): 444-446.

[162] 薛亚东, 康天合, 靳钟铭. 巷道围岩裂隙的分形演化规律试验研究 [J]. 太原理工大学学报, 2000, 31(6): 662-664.

[163] 薛亚东, 康天合. 回采巷道围岩结构与裂隙分布特征及锚杆支护机理研究 [J]. 煤炭学报, 2000, 25(S1): 97-101.

[164] 蒋力帅, 马念杰, 白浪, 等. 巷道复合顶板变形破坏特征与冒顶隐患分级 [J]. 煤炭学报, 2014, 39(7): 1205-1211.

[165] 贾后省. 蝶叶塑性区穿透特性与层状顶板巷道冒顶机理研究 [D]. 北京: 中国矿业大学 (北京), 2015.

[166] 贾后省, 李国盛, 翁海龙, 等. 巷道蝶叶塑性区顶板冒落特征与层次支护研究 [J]. 中国安全生产科学技术, 2017, 13(6): 20-26.

[167] 贾后省, 马念杰, 朱乾坤. 巷道顶板蝶叶塑性区穿透致冒机理与控制方法 [J]. 煤炭学报, 2016, 41(6): 1384-1392.

[168] 杨峰, 王连国, 贺安民, 等. 复合顶板的破坏机理与锚杆支护技术 [J]. 采矿与安全工程学报, 2008, 25(3): 286-289.

[169] 王林. 深部厚层复合顶板煤层巷道围岩稳定性分析及控制技术研究 [D]. 湘潭: 湖南科技大学, 2011.

[170] 牛少卿, 杨双锁, 李义, 等. 大跨度巷道顶板层面剪切失稳机理及支护方法 [J]. 煤炭学报, 2014, 39(S2): 325-331.

[171] 马振乾, 刘勇, 刘勤志, 等. 巷道特厚泥质顶板失稳因素分析及控制技术 [J]. 中国安全科学学报, 2018, 28(5): 147-152.

[172] Sofianos A I, Kapenis A P. Effect of strata thickness on the stability of an idealized bolted underground roof [J]. Mine Planning and Equipment Selection, 1996: 275-279.

[173] 张顶立, 王悦汉, 曲天智. 夹层对层状岩体稳定性的影响分析 [J]. 岩石力学与工程学

报, 2000, 19(2): 140-144.

[174] 马念杰, 詹平, 何广, 等. 顶板中软弱夹层对巷道稳定性影响研究 [J]. 矿业工程研究, 2009, 24(4): 1-4.

[175] 种照辉, 李学华, 姚强岭, 等. 基于正交试验煤岩互层顶板巷道失稳因素研究 [J]. 中国矿业大学学报, 2015, 44(2): 220-226.

[176] 谷拴成. 层状顶板岩层中巷道稳定性研究 [J]. 建井技术, 1991(4): 17-19.

[177] 杨建辉, 杨万斌, 付跃升. 煤巷板裂结构顶板分层稳定跨距分析 [J]. 煤炭科学技术, 1999, 27(8): 50-52.

[178] 杨建辉, 夏建中. 层状岩石锚固体全过程变形性质的试验研究 [J]. 煤炭学报, 2005, 30 (4): 414-417.

[179] 杨建辉, 杨万斌, 郭延华. 煤巷层状顶板压曲破坏现象分析 [J]. 煤炭学报, 2001, 26 (3): 240-244.

[180] 杨建辉, 尚岳全, 祝江鸿. 层状结构顶板锚杆组合拱梁支护机制理论模型分析 [J]. 岩石力学与工程学报, 2007, 26(S2): 4215-4220.

[181] 郝英奇, 王爱兰, 吴德义. 深部开采煤巷复合顶板层间离层确定 [J]. 广西大学学报(自然科学版), 2010, 35(6): 914-919.

[182] 刘少伟, 甘源源. 基于正交设计的煤巷层状顶板失稳模式影响因素分析 [J]. 中国煤炭, 2013, 39(4): 40-43, 85.

[183] 刘少伟, 徐仁桂, 张辉, 等. 含软弱夹层煤巷层状顶板失稳机理与分类 [J]. 河南理工大学学报(自然科学版), 2010, 29(1): 23-27.

[184] 杨吉平. 薄层状煤岩互层顶板巷道围岩控制机理及技术 [D]. 徐州: 中国矿业大学, 2013.

[185] 李东印, 邢奇生, 张瑞林. 深部复合顶板巷道变形破坏机理研究 [J]. 河南理工大学学报(自然科学版), 2006, 25(6): 457-460.

[186] 陆庭侃, 戴耀辉. 全长锚固锚杆在回采巷道层状顶板的工作特性 [J]. 岩石力学与工程学报, 2010, 29(S1): 3329-3335.

[187] 何满潮, 张国锋, 齐干, 等. 夹河矿深部煤巷围岩稳定性控制技术研究 [J]. 采矿与安全工程学报, 2007, 24(1): 27-31.

[188] 何满潮, 齐干, 程骋, 等. 深部复合顶板煤巷变形破坏机制及耦合支护设计 [J]. 岩石力学与工程学报, 2007, 26(5): 987-993.

[189] 郜进海. 薄层状巨厚复合顶板回采巷道锚杆锚索支护理论及应用研究 [D]. 太原: 太原理工大学, 2005.

[190] 余伟健, 王卫军, 文国华, 等. 深井复合顶板煤巷变形机理及控制对策 [J]. 岩土工程学报, 2012, 34(8): 1501-1508.

[191] 余伟健, 王卫军, 张农, 等. 深井煤巷厚层复合顶板整体变形机制及控制 [J]. 中国矿业大学学报, 2012, 41(5): 725-732.

[192] 张农, 袁亮. 离层破碎型煤巷顶板的控制原理 [J]. 采矿与安全工程学报, 2006, 23 (1): 34-38.

[193] 张农, 李桂臣, 阚甲广. 煤巷顶板软弱夹层层位对锚杆支护结构稳定性影响 [J]. 岩土

力学，2011，32（9）：2753-2758.

[194] 张俊文，袁瑞甫，李玉琳. 厚泥岩复合顶板煤巷围岩控制技术研究 ［J］. 岩石力学与工程学报，2017，36（1）：152-158.

[195] 高明仕，郭春生，李江锋，等. 厚层松软复合顶板煤巷梯次支护力学原理及应用 ［J］. 中国矿业大学学报，2011，40（3）：333-338.

[196] 常聚才. 深井复合顶板回采巷道支护技术研究 ［J］. 煤炭科学技术，2016，44（6）：60-63.

[197] 李桂臣. 软弱夹层顶板巷道围岩稳定与安全控制研究 ［D］. 徐州：中国矿业大学，2008.

[198] 马其华，姜斌，许文龙，等. 复合顶板巷道围岩控制技术研究 ［J］. 煤炭工程，2016，48（5）：47-49.

[199] 李永亮. 赵庄矿大断面煤巷层状顶板变形失稳机理及控制技术 ［D］. 北京：中国矿业大学（北京），2017.

[200] 吴志忠，李金海. 复合顶板锚杆支护的叠加支护方法 ［J］. 中国煤炭，2003，29（5）：28-30.

[201] 阳泽平. 小回沟煤矿工业场地位置及井田开拓方式选择 ［J］. 煤炭工程，2014，46（8）：8-11.

[202] 蔡美峰. 岩石力学与工程 ［M］. 北京：科学出版社，2002.

[203] 王茂盛. 赵庄矿深部大断面复合顶板煤巷变形破坏机理与控制对策 ［D］. 北京：中国矿业大学（北京），2019.

[204] 康红普，吴志刚，高富强，等. 煤矿井下地质构造对地应力分布的影响 ［J］. 岩石力学与工程学报，2012，31（S1）：2674-2680.

[205] 彭文斌. FLAC^{3D}实用教程 ［M］. 北京：机械工业出版社，2007.

[206] 王红星. 深部硬岩巷道侧帮钻孔爆破卸压数值模拟研究 ［D］. 西安：西安建筑科技大学，2016.

[207] 孙晓元. 受载煤体振动破坏特征及致灾机理研究 ［D］. 北京：中国矿业大学（北京），2016.

[208] 杨永香. 特殊地质条件下龙潭隧道的围岩稳定性数值研究 ［D］. 武汉：中国科学院研究生院（武汉岩土学研究所），2006.

[209] 喻俊霖. 预应力锚杆锚固段应力分析和临界长度研究 ［D］. 北京：中国地质大学（北京），2021.

[210] 徐芝纶. 弹性力学 ［M］. 北京：高等教育出版社，2003：12-17.

[211] 刘人怀. 板壳力学 ［M］. 北京：机械工业出版社，1990：71-111.

[212] 蒋金泉，张培鹏，聂礼生，等. 高位硬厚岩层破断规律及其动力响应分析 ［J］. 岩石力学与工程学报，2014，33（7）：1366-1374.

[213] 于辉. 基于薄板理论的首采工作面基本顶来压步距数值研究 ［J］. 科学技术与工程，2018，18（21）：195-199.

[214] 马文强，王同旭，曲孔典. 基于薄板模型的高韧性煤层难冒放机理分析 ［J］. 采矿与安全工程学报，2017，34（4）：644-649.

[215] 柏建彪，耿欧，马中国. 巷道顶板锚杆支护机理的极限载荷分析 ［J］. 矿山压力与顶板

管理，1999，4(3)：164-166.

[216] 秦广鹏，蒋金泉，张培鹏，等. 硬厚岩层破断机理薄板分析及控制技术 [J]. 采矿与安全工程学报，2014，31(5)：726-732.

[217] 许琪楼，姜锐，唐国明，等. 四边支承矩形板弯曲统一求解方法：兼论纳维叶解与李维解法的统一性 [J]. 工程力学，1999，16(3)：90-99.

[218] 岳建勇，曲庆璋. 三边固定一边自由矩形板的精确解 [J]. 青岛建筑工程学院学报，1999，20(1)：16-21.

[219] 于远祥. 矩形巷道围岩变形破坏机理及在王村矿的应用研究 [D]. 西安：西安科技大学，2013.

[220] 邵红旗. 岩石锚固作用机理及荷载传递规律研究 [D]. 西安：西安科技大学，2009.

[221] 苏锋. 煤巷复合顶板的变形破坏规律分析及合理支护技术研究 [D]. 西安：西安科技大学，2012.

[222] 王琦玮. 员工安全主动性行为对小微企业安全生产影响的研究 [D]. 镇江：江苏大学，2019.

[223] 齐琪. 煤矿应急管理能力评价及提升研究 [D]. 西安：西安科技大学，2014.

[224] 白云杰. 山西煤矿安全因子分析评价及对策研究 [D]. 太原：太原理工大学，2010.

[225] 唐艳辉. 新三板建筑业挂牌企业成长性评价研究 [D]. 成都：西华大学，2019.